中国常见海洋生物原色图典

软体动物

总　主　编　魏建功
分 册 主 编　曲学存
分册副主编　马培振

中国海洋大学出版社
·青岛·

图书在版编目（CIP）数据

中国常见海洋生物原色图典. 软体动物／魏建功
总主编；曲学存分册主编. —青岛：中国海洋大学出
版社，2019.11（2022.1重印）

ISBN 978-7-5670-1729-0

Ⅰ.①中…　Ⅱ.①魏…　②曲…　Ⅲ.①海洋生
物—软体动物—中国—图集　Ⅳ.①Q178.53-64

中国版本图书馆CIP数据核字（2019）第247255号

出版发行	中国海洋大学出版社
社　　址	青岛市香港东路23号　　邮政编码　266071
网　　址	http://pub.ouc.edu.cn
出 版 人	杨立敏
责任编辑	孙玉苗　　　　　　　　电　　话　0532-85901040
电子信箱	94260876@qq.com
印　　制	青岛国彩印刷股份有限公司
版　　次	2020年5月第1版
印　　次	2022年1月第2次印刷
成品尺寸	170 mm × 230 mm
印　　张	14.5
字　　数	129千
印　　数	2001～4000
定　　价	68.00元
订购电话	0532-82032573（传真）

发现印装质量问题，请致电0532-58700166，由印刷厂负责调换。

总前言

　　生命起源于海洋。海洋生物多姿多彩，种类繁多，是和人类相依相伴的海洋"居民"，是自然界中不可缺少的一群生灵，是大海给予人类的宝贵资源。

　　当人们来海滩上漫步，随手拾捡起色彩缤纷的贝壳和海星把玩，也许会好奇它们有怎样一个美丽的名字；当人们于水族馆游览，看憨态可掬的海狮和海豹或在水中自在游弋，或在池边休憩，也许会想它们之间究竟是如何区分的；当人们品尝餐桌上的海味，无论是一盘外表金黄酥脆、内里洁白鲜嫩的炸带鱼，还是几只螯里封"嫩玉"、壳里藏"红脂"的蟹子，也许会想象它们生前有着怎样一副模样，它们曾在哪里过着怎样自在的生活……

　　自我从教学岗位调到出版社从事图书编辑工作时起，就开始调研国内图书市场。有关海洋生物的"志""图鉴""图谱"已出版了不少，有些是供专业人员使用的，对一般读者来说艰深晦涩；还有些将海洋生物和淡水生物混编一起，没有鲜明的海洋特色。所以，在社领导支持下，我组织相关学科的专家及同仁，编创了《中国常见海洋生物原色图典》，以期为读者系统认识海洋生物提供帮助。

　　根据全球海洋生物普查项目的报告，海洋生物物种可达100万种，目前人类了解的只是其中的1/5。我国是一个海洋大国，东部和南部大陆海岸线1.8万多千米，内海和边海的水域面积为470多万平方千米，海洋生物资源十分丰富。书中收录的基本都是我国近海常见的物种。本书分《植物》《腔肠动物 棘皮动物》《软体动物》《节肢动物》《鱼类》《鸟类 爬行类 哺乳类》6个分册，分别收录了153种海洋植物，61种海洋腔肠动物、72种棘皮动物，205种海洋软体动物，151种海洋节肢动物，172种海洋鱼类，11种海洋爬行类、118种海洋鸟类、18种哺乳类。对每种海洋生物，书中给出了中文名称、学名及中文别名，并简明介绍了形态特征、分类地位、生态习性、地理分布等。书中配以原色图片，方便读者直观地认识相关海洋生物。

限于编者水平，书中难免有不尽如人意之处，敬请读者批评指正。

魏建功

前言

　　软体动物，又称贝类，是人们在潮间带最容易见到的生物，分无板类、单板类、多板类、腹足类、掘足类、双壳类和头足类7类。

　　现在已知的软体动物超过10.5万种，种类之多仅次于节肢动物。目前我国海域软体动物已记录约4 000种。

　　软体动物的栖息范围很广，上自数千米的高山，下达1万余米的深海均有其踪迹。腹足类在陆地上、淡水里和海洋中均有分布，双壳类只栖息于海洋和淡水中，其他软体动物则完全栖息于海洋。软体动物一般营自由生活，匍匐或游泳。软体动物的营养方式主要可分为肉食、草食和杂食3类。

　　软体动物的身体一般可分为头部、足部、外套膜和包藏内部器官的内脏囊4部分。头部位于身体前端，具有口、眼、触角和其他感觉器官，但掘足类头部不发达，双壳类头部严重退化。足部常位于身体腹侧，为运动器官。随个体生活方式的不同和对外界环境的适应，足呈现多种多样的形式。某些营固着生活的种类在成体时足退化，如牡蛎。外套膜为皮肤特化形成，能够分泌钙质和有机质，形成贝壳。

　　贝壳是软体动物的保护器官，其形状随软体动物类别而不同。例如，石鳖类的几乎被覆身体的全背面；双壳类的则悬于身体两侧；乌贼的壳被外套膜包裹，形成内骨骼。贝壳的构造一般可以分为3层。最外一层称为角质层，仅由贝壳素构成，很薄，透明，具有色泽，随着软体动物的生长逐渐扩大。中间一层为壳层，又称棱柱层，占据壳的大部分。最里面一层为壳底或珍珠质层，随着软体动物的生长而厚度增加。

软体动物经济价值极大，绝大多数可食用，如我们常见的鲍、红螺、玉螺、蚶、贻贝、牡蛎、扇贝、文蛤、乌贼和鱿鱼等。很多小型软体动物可以作为家禽、家畜的饲料，也是海洋鱼类的天然饵料。贝壳可以作为工业中烧制石灰的原料，乌贼和鲍的壳等在医药上用途较广。另外，美丽的贝壳有极大的装饰和赏玩价值。

本书遴选了我国最常见的海洋软体动物205种，从分类地位、形态特征、生态习性与地理分布等方面进行简要介绍。

由于笔者水平有限，不足之处在所难免，敬请读者批评指正。

曲学存

CONTENTS

目录

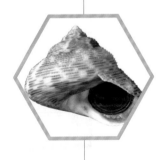

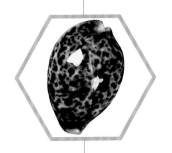

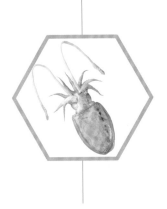

多板类

多板类是软体动物的原始型，身体背腹扁平，呈椭圆形（背面观）或蠕虫形，左右对称；口位于身体的前端，肛门位于身体的后端。背部有8块板状壳片，故称多板纲。壳不能覆盖整个身体，壳与外套膜边缘之间裸露的部分称环带。环带的表面有角质或石灰质的鳞片、针束和角质毛等。神经系统由围绕食道的环状神经中枢和向后派生的2对神经索组成。足肥大。鳃位于足部周围的外套沟中，数目多。

多板类有900~1 000种（Sirenko，2006），全为海生种。世界各大洋从潮间带至水深7 000余米处都有其踪迹，但大多数种类栖息于浅海，通常在潮间带岩石表面、珊瑚礁或大型海藻上生活。它们移动缓慢，仅能进行短距离的爬行。大多数种类为草食性，少数种类以有孔虫、海绵等动物为食。

我国记录的多板类有47种（刘瑞玉，2008）。我国沿海大型石鳖较少，大多数种类个体小。我国浙江、福建、广东、广西和海南的居民都有采食石鳖的习惯。

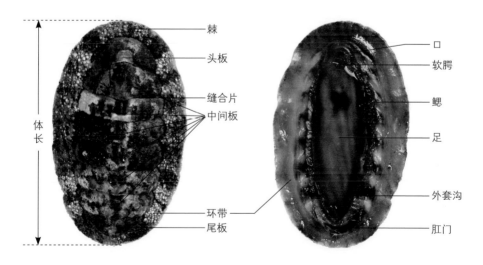

多板类形态结构示例

日本花棘石鳖

学　　名　*Liolophura japonica* (Lischke, 1873)

分类地位　石鳖目石鳖科花棘石鳖属

形态特征　体稍大，背面观近长椭圆形，壳片呈褐黄色或褐色。头板表面的细小放射肋和生长线互相交织。中间板同心环纹明显。尾板小。在6块中间板中，第3或第4块板最宽，宽度约为长度的3倍。环带肌肉很发达，表面具有粗而短的石灰质棘。

生态习性　栖息于潮间带中、下区的岩石缝隙。

地理分布　在我国分布于浙江以南沿海。日本、韩国海域也有分布。

红条毛肤石鳖

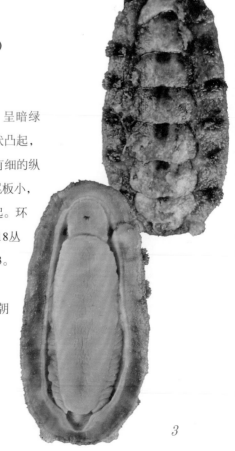

学　　名　*Acanthochitona rubrolineata* (Lischke, 1873)

别　　名　海石鳖、海八节毛、铁角、草鞋爬

分类地位　石鳖目毛肤石鳖科毛肤石鳖属

形态特征　体背面观近似椭圆形。8块壳片较小，呈暗绿色，中部有3条红色的纵线。头板半圆形，表面具有粒状凸起，嵌入片有5个齿裂。中间板长度约为宽度的4/5，峰部具有细的纵肋，肋部和翼部具有稍大的颗粒状凸起，缝合板较大。尾板小，前缘中央微凹，后缘呈弧形，表面具有纵肋和颗粒状凸起。环带较宽，呈深绿色，表面密生棒状棘刺。壳片周围具有18丛针束。足部两侧有21～24对鳃，鳃列的长度约为足长的2/3。

生态习性　栖息于潮间带岩石环境，营附着生活。

地理分布　在我国，从辽宁到广东沿海均有分布。朝鲜半岛和日本沿海也有分布。

腹足类

腹足类除少数种类外，体外多被覆1个螺旋形壳，故又称单壳类或螺类。腹足类是软体动物中最大的一类，有10万种以上，遍布于海洋、淡水及陆地，以海生种类最多。腹足类多营底栖生活，还可埋栖、孔栖而居。

腹足类头部都很发达，具有1对或2对触角，1对眼。眼生在触角的基部、中间或顶部。口内的齿舌发达，用于摄食、钻孔。足位于躯体的腹面。雌雄同体或异体，卵生。水生种类用鳃呼吸，陆生种类以外套膜表面呼吸。足一般用于爬行、游泳，有时借足的收缩而跳跃。

壳的形态为腹足类分类的重要依据。壳呈螺旋形，多数种类为右旋，少数左旋。壳可分为螺旋部和体螺层。螺旋部一般由许多螺层构成，有的种类（鲍、宝贝等）螺旋部退化。壳顶端称壳顶，为最早形成的一层。各螺层间的界限为缝合线，深浅不一。体螺层的开口称壳口，壳口内侧为内唇，外侧为外唇。壳口常有一盖，称厣，角质或石灰质，为足的后端分泌形成，可封闭壳口，起保护作用。螺轴为整个贝壳旋转的中轴，轴的基部遗留的小窝为脐，深浅不一。有的种类（如红螺）由于内唇外转而形成假脐。

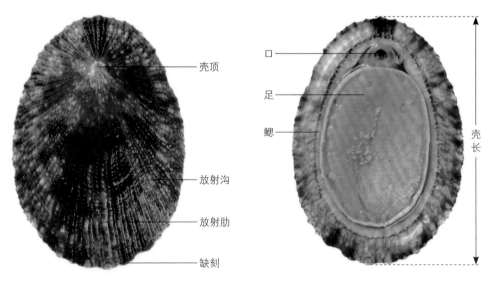

腹足类形态结构示例（1）

4

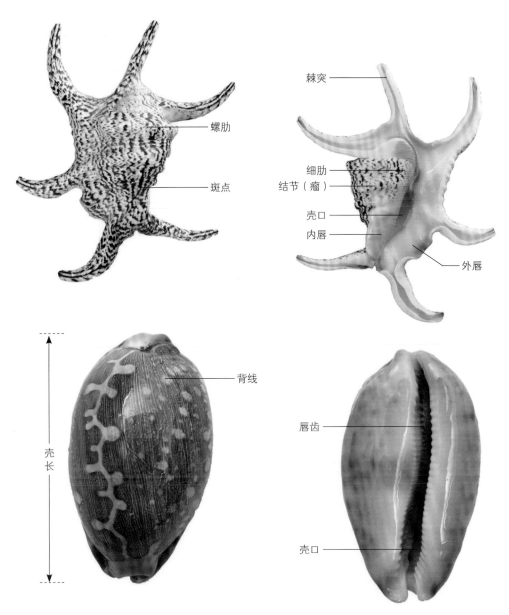

螺肋

斑点

棘突

细肋

结节（瘤）

壳口

内唇

外唇

背线

壳长

唇齿

壳口

腹足类形态结构示例（2）

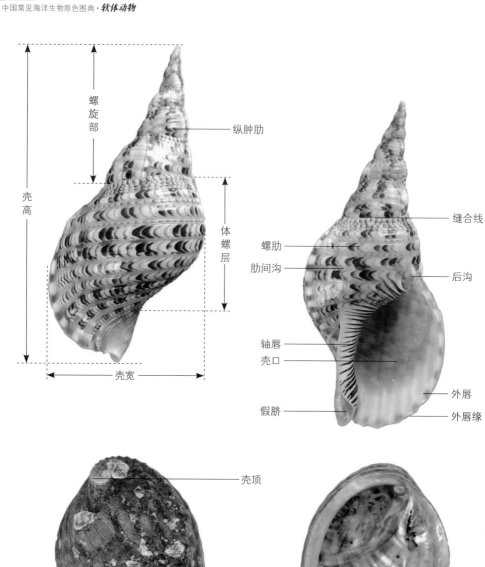

螺旋部

纵肿肋

壳高

体螺层

缝合线

螺肋

肋间沟

后沟

轴唇

壳口

外唇

假脐

外唇缘

壳宽

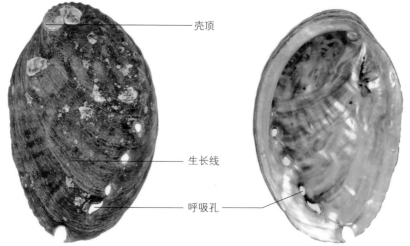

壳顶

生长线

呼吸孔

腹足类形态结构示例（3）

红翁戎螺

学　　名　*Mikadotrochus hirasei* Pilsbry, 1903

分类地位　古腹足亚纲翁戎螺目翁戎螺科翁戎螺属

形态特征　壳呈低圆锥形；体螺层宽大，基部形成平面。壳表面浅黄色，有红色火焰状花纹，并密布小颗粒组成的螺肋。各螺层中部有1条凹陷的环带。外唇中部形成1条长的裂缝。脐孔大。

生态习性　栖息于水深150～300 m沙或沙砾质海底。

地理分布　在我国，红翁戎螺分布于东海的东南部。日本海域也有分布。

经济价值　壳可观赏。

皱纹盘鲍

学　　名　*Haliotis discus hannai* Ino, 1953

别　　名　鲍鱼、紫鲍、盘大鲍

分类地位　古腹足亚纲小笠螺目鲍科鲍属

形态特征　壳大，背面观呈长椭圆形。壳厚而坚实，表面深绿色或深褐色。螺层3层，缝合线浅。壳顶位于偏后方。从第2层到体螺层的边缘有1列高的凸起和孔，孔一般3～5个。生长线明显，沿着孔列左下侧面有1条螺沟。壳内面为银白色，有青绿色的珍珠光泽。

生态习性　栖息于低潮线附近至水深15 m的岩石环境。

地理分布　常见于我国辽宁和山东沿海。

经济价值　可食用，壳可入药。

杂色鲍

学　　名　*Haliotis diversicolor* Reeve, 1846

别　　名　九孔鲍

分类地位　古腹足亚纲小笠螺目鲍科鲍属

形态特征　壳背面观呈卵圆形，厚而坚实。壳的边缘有1行排列整齐的、逐渐增大的凸起和7～9个孔。壳表面生有不太规则的螺旋肋和细密的生长线。壳内面银白色，有珍珠光泽。

生态习性　暖水种。一般栖息于潮间带下部至水深50 m左右的岩礁质海底，盐度高、水清和藻类丛生的环境栖息较多。

地理分布　我国东南沿海有分布。

经济价值　可食用。

鼠眼孔蝛

学　　名　*Diodora mus* (Reeve, 1850)

分类地位　古腹足亚纲小笠螺目钥孔蝛科孔蝛属

形态特征　壳小，背面观呈长椭圆形，坚实。壳顶位于中央偏后，顶端开孔呈卵圆形。壳表面灰白色，放射肋与螺肋交错而呈方格形，并有放射状三角形的黄褐色带。壳内面灰白色，边缘有细小的锯齿状缺刻。

生态习性　栖息于低潮线下的岩石上。

地理分布　我国东南沿海有分布。

经济价值　壳可加工成工艺品。

中华楯螆

学　名　*Scutus sinensis* (Blainville, 1825)

分类地位　古腹足亚纲小笠螺目钥孔螆科楯螆属

形态特征　壳坚实，前窄后宽且较低平。壳顶钝，位于中央偏后。壳表面灰白色；前缘窄，具有1个凹陷；后缘宽圆；粗糙，略呈波纹状隆起；生长线细密，放射肋弱。壳内面白色，有光泽。

生态习性　栖息于潮间带岩礁质海底。

地理分布　我国的福建以南海域有分布。

经济价值　壳可加工成工艺品。

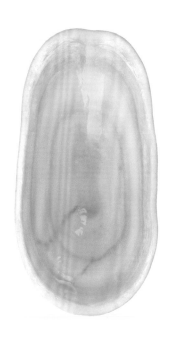

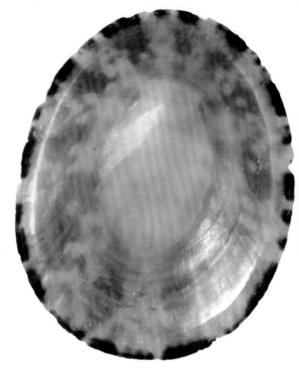

龟嫁蝛

学　　名　*Cellana testudinaria* (Linnaeus, 1758)

分类地位　笠形腹足亚纲帽贝总科花帽贝科嫁蝛属

形态特征　壳较大，斗笠状，低平，周缘完整，背面观呈卵圆形。壳顶钝，位于壳近前端。壳表面黄褐色，有放射状褐色或绿色带；生长线明显，较粗糙。壳内面银灰色，壳缘为黑褐色。

生态习性　暖水种。栖息于潮间带岩礁质海底。

地理分布　我国福建、台湾、广东和海南海域有分布。

经济价值　可食用，壳可加工成工艺品。

嫁蝛

学　名　*Cellana toreuma* (Reeve, 1854)

分类地位　笠形腹足亚纲帽贝总科花帽贝科嫁蝛属

形态特征　壳呈斗笠状，低平，较薄；表面具有许多细小而密集的放射肋。壳表面通常为锈黄色或青灰色，并有不规则的紫色斑点。壳内面银灰色，边缘有细齿。

生态习性　栖息于中、低潮区的岩石上。

地理分布　在我国沿海广泛分布。

经济价值　可食用。

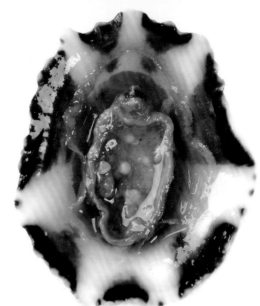

鸟爪拟帽贝

学　名　*Patelloida saccharina lanx* (Reeve, 1855)

分类地位　笠形腹足亚纲笠贝总科笠贝科拟帽贝属

形态特征　壳较小，斗笠状，低平。壳顶近前端，常被腐蚀。壳表面黑褐色，有7条明显的粗壮的放射肋，粗肋间有数条细肋。粗肋灰白色，突出壳缘，呈爪状。壳内面有与壳表面放射肋相对应的凹沟。

生态习性　栖息于高潮区岩石上。

地理分布　我国福建及以南各省沿海有分布。

经济价值　可食用。

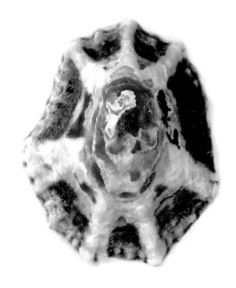

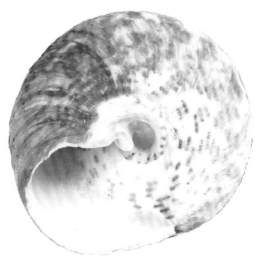

尖角马蹄螺

学　　名　*Rochia conus* (Gmelin, 1791)

分类地位　古腹足亚纲马蹄螺目凹螺科马蹄螺属

形态特征　壳圆锥状，厚而坚实。壳表面乳白色，有放射状紫红色条斑。螺层9层左右。缝合线浅。螺旋部上部粗、细肋相间排列，粗肋有念球状颗粒，细肋颗粒不明显。底面同心环肋光滑、粗细均匀，上有断续的长条形紫红色斑。内唇和外唇厚实，内壁光滑。外缘有细旋纹，有假脐。

生态习性　栖息于低潮区珊珊礁质海底。

地理分布　我国西沙群岛海域有分布。

经济价值　可食用，壳可加工成工艺品。

大马蹄螺

学　　名　*Rochia nilotica* (Linnaeus, 1767)

别　　名　马蹄螺、高腰螺、公螺

分类地位　古腹足亚纲马蹄螺目凹螺科马蹄螺属

形态特征　壳大，圆锥状，较厚。壳表面灰白色，有粉红色和紫红色火焰状花纹。螺层9层。螺旋部高，缝合线深。每一螺层的上半部有3～4条螺肋，下半部有1列粗大的瘤状凸起。生长线清楚。壳底平，壳口斜。内唇厚，扭曲成S形。厣角质。脐部滑层发达，覆盖大半脐部，上部漏斗状，有假脐。

生态习性　暖水种。栖息于低潮线至水深数十米的珊瑚礁上。

地理分布　我国南海有分布。

经济价值　可食用，壳可加工成工艺品。

单齿螺

学　　名　*Monodonta labio* (Linnaeus, 1758)

分类地位　古腹足亚纲马蹄螺目马蹄螺科单齿螺属

形态特征　壳陀螺状，表面暗绿色，有白色、绿褐色、黄褐色斑。螺层6层。螺旋部每一螺层有5~6条带状螺肋，体螺层有15~17条螺肋，这些螺肋均由长方形的小凸起连接而成。壳口略呈心形。外唇外缘薄，内缘肥厚，其边缘形成肋形齿列。内唇基部增厚，形成1个白色齿尖。厣圆形，角质。无脐。

生态习性　栖息于潮间带中、低潮区石缝中。喜群居。

地理分布　在我国沿海广泛分布。

经济价值　可食用。

锈凹螺

学　　名　*Tegula rusticus* (Gmelin, 1791)

分类地位　古腹足亚纲马蹄螺目凹螺科凹螺属

形态特征　壳圆锥状，厚而坚实。壳表面黄褐色或黑褐色，常有铁锈色斑纹；密布细线状螺沟和粗大的放射肋。螺层5层左右，自上而下急剧增大。壳口马蹄形，内面灰白色，有珍珠光泽。厣圆形，薄，角质，棕红色并有银色边缘。

生态习性　栖息于潮间带下区至潮下带水深约5 m的岩石上。

地理分布　在我国沿海广泛分布。

经济价值　可食用。

银口凹螺

学　　名　*Tegula argyrostomus* (Gmelin, 1791)

分类地位　古腹足亚纲马蹄螺目凹螺科凹螺属

形态特征　壳呈塔状，厚而坚实。壳表面灰黑色；壳底略平，色较浅。螺层6层，缝合线明显。壳顶钝，体螺层膨胀，生长线细密，呈细波纹状。壳口大，内面银灰色，有珍珠光泽。外唇有黑灰色镶边。内唇下部厚，有1个钝齿。脐部呈浅黄色或绿色。脐孔被石灰质胼胝所填充，仅存1个浅的凹陷。厣圆形，紫褐色。

生态习性　暖水种。生活在潮间带岩石环境中，多栖息于岩石缝隙中。

地理分布　在我国，银口凹螺广泛分布于东海、南海的潮间带。

经济价值　可食用。

蜎螺

学　　名　*Umbonium vestiarium* (Linnaeus, 1758)

分类地位　古腹足亚纲马蹄螺目马蹄螺科蜎螺属

形态特征　壳小，螺旋部低矮，自壳顶至体螺层形成较缓的倾斜面。壳表面颜色和花纹变化多，一般为浅棕色、灰绿色，布有红棕色或褐色花纹。花纹呈波浪状，放射排列。壳口近三角形。脐被胼胝掩盖，较凸。

生态习性　栖息于潮间带沙滩。

地理分布　我国东海、南海有分布。

经济价值　壳可加工成工艺品。

托氏蝐螺

学　　名　*Umbonium thomasi* (Crosse, 1863)

分类地位　古腹足亚纲马蹄螺目马蹄螺科蝐螺属

形态特征　壳呈矮圆锥状。基部平坦。螺层6层，螺旋部高，缝合线浅。壳表面光滑，呈浅棕色，有紫棕色波状花纹，色泽与花纹常有变化。壳口近四方形。外唇薄。内唇又短又厚且倾斜，有齿状小结节。脐被白色胼胝掩盖。厣角质，近卵圆形。

生态习性　栖息于潮间带沙质海底。
地理分布　我国渤海、黄海、东海有分布。
经济价值　壳可加工成工艺品。

口马丽口螺

学　　名　*Calliostoma koma* (Shikama et Habe, 1965)

别　　名　丽口螺

分类地位　古腹足亚纲马蹄螺目丽口螺科丽口螺属

形态特征　壳呈矮圆锥状。壳表面浅褐色，有褐色斑；有念珠状凸起，肋纹细。壳口近方形，基部较膨圆。无脐。厣角质，褐色。

生态习性　栖息于潮间带至浅海岩礁环境。

地理分布　我国渤海、黄海、东海有分布。

经济价值　可食用，壳可加工成工艺品。

海豚螺

学　　名　*Angaria delphinus* (Linnaeus, 1758)

分类地位　古腹足亚纲马蹄螺目海豚螺科海豚螺属

形态特征　壳中等大小，壳顶平。壳表面粗糙，灰白色或带紫褐色，有许多强弱不一的紫黑色管状棘，尤以肩角处的棘较强。螺旋部低，各螺层上部平而形成平面，体螺层膨大。壳口圆形，周缘向外扩展，部分卷成半管状。脐孔大而深。厣圆形，角质。

生态习性　栖息于低潮线附近岩石环境。

地理分布　我国东海、南海有分布。

经济价值　壳可加工成工艺品。

金口蝾螺

学　　名　*Turbo chrysostomus* Linnaeus, 1758

分类地位　古腹足亚纲马蹄螺目蝾螺科蝾螺属

形态特征　壳陀螺状；表面橙黄色，有放射状紫色带，密被螺肋。螺层6层，缝合线浅。螺层被1条具有角状凸起的肋分为上、下两部分，其中上部是略为倾斜的肩部。体螺层肋上的角状凸起尤为发达。生长线细密，将肋面和肋间分割成覆瓦状鳞片。壳口圆形，内面金黄色。外唇有缺刻，内唇向下方扩张。厣石灰质。

生态习性　暖水种。栖息于低潮线附近岩礁质海底。

地理分布　我国台湾海域、南海有分布。

经济价值　可食用，壳可加工成工艺品。

银口蝾螺

学　　名　*Turbo argyrostomus* Linnaeus, 1758

分类地位　古腹足亚纲马蹄螺目蝾螺科蝾螺属

形态特征　壳中等大小，圆锥状，厚而坚实，中部有许多小颗粒。每螺层壳面有角状凸起。螺层6层，螺肋较粗大，粗肋间有由小鳞片组成的小肋。外唇有缺刻，壳口银白色。厣石灰质，有细粒状凸起。螺轴平滑，轴唇向下略伸。脐部狭长，顶部有脐孔。

生态习性　栖息于潮间带或潮下带的岩石缝隙中。

地理分布　我国台湾海域、南海有分布。

经济价值　可食用。

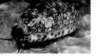

带蝶螺

学　　名　*Turbo petholatus* Linnaeus, 1758

分类地位　古腹足亚纲马蹄螺目蝶螺科蝶螺属

形态特征　壳中等大小，圆锥状，坚实。壳宽与壳高几乎相等。壳表面膨胀，通常为浅黄色或褐色，配有棕色或绿色环带，环带上具有黄白色斑纹。壳顶粉红色或紫红色。螺层5层，缝合线明显。生长线纤细。壳口圆形，内面白色，有珍珠光泽。内唇厚。厣石灰质。无脐孔。

生态习性　栖息于水深5～45 m岩礁和珊瑚礁质海底。

地理分布　我国台湾海域、南海有分布。

经济价值　可食用，壳可加工成工艺品。

节蛛螺

学　　名　*Turbo bruneus* (Röding, 1798)

分类地位　古腹足亚纲马蹄螺目蛛螺科蛛螺属

形态特征　壳厚而坚实。壳表面灰绿色或灰黄色，有放射状紫色带。螺层6层，缝合线明显。壳顶尖。螺旋部具有念珠状螺肋。体螺层宽大而斜。壳口圆形，内面有珍珠光泽。内唇厚而简单，外唇有齿状缺刻及镶边。厣石灰质。

生态习性　栖息于中、低潮区岩礁质海底。

地理分布　我国南海有分布。

经济价值　可食用。

夜光蝾螺

学　名　*Turbo marmoratus* Linnaeus, 1758

分类地位　古腹足亚纲马蹄螺目蝾螺科蝾螺属

形态特征　壳大，锥状，厚而坚实。壳表面暗绿色，具有褐色、白色相间的带状环纹，偶尔也杂以红色环纹。缝合线浅。体螺层膨胀，基部向外折曲加厚，与内唇相接，构成壳口内侧的1个耳状凸起。由第4螺层下部开始，螺层中部隆起，形成1个连续的由结节连成的螺旋肋，使螺旋部形成1个明显的肩角。壳口大，近圆形。壳内面珍珠层很厚，银白色，有珍珠光泽。外唇较薄而脆，易破损，有1条很窄的绿色边。内唇厚，向外下方卷转。厣石灰质，外面白色，内面棕黄色且有光泽。无脐孔。

生态习性　热带种。栖息于水深10 m左右的岩石、珊瑚礁质海底。

地理分布　我国台湾海域、南海有分布。

经济价值　可食用，壳可收藏。

保护级别　被《国家重点保护野生动物名录》列为国家二级重点保护野生动物。

朝鲜花冠小月螺

学　名　*Lunella correensis* (Récluz, 1853)

分类地位　古腹足亚纲马蹄螺目蝾螺科小月螺属

形态特征　壳坚实，近球状。壳表面深灰绿色或棕色，密布多条由小颗粒连成的螺肋。螺层5层。壳顶低，且常磨损。体螺层较膨胀；其中部的螺肋发达，向外扩张，使体螺层形成1个肩部；肩部的上方为1个倾斜面。壳口圆形，内面有珍珠光泽。厣为石灰质，半球形，外面白色兼有灰绿色云状斑。脐部内凹，无脐孔。

生态习性　栖息于潮间带岩石上。

地理分布　我国渤海、黄海、东海有分布，为我国北方潮间带优势种。

经济价值　可食用。

肋蜑螺

学　　名　*Nerita (Ritena) costata* Gmelin, 1791

分类地位　蜑螺亚纲环蜑形目蜑螺科蜑螺属

形态特征　壳半球状，坚实。壳表面有粗大的黑色螺肋。螺旋部矮小，略高出体螺层。体螺层膨大，有螺肋10余条。缝合线浅。内唇发达，向外扩展与外唇相连，白色或浅黄色，表面略有褶襞，内缘有3～4个齿。外唇边缘黑色，内面加厚，有7～8个齿；位于两侧的齿尤为发达。厣半圆形。

生态习性　暖水种。栖息于潮间带岩石或珊瑚礁质海底。

地理分布　我国南海有分布。

经济价值　壳可加工成工艺品。

锦蜑螺

学　　名　*Nerita polita* Linnaeus, 1758

分类地位　蜑螺亚纲环蜑形目蜑螺科蜑螺属

形态特征　壳厚而坚实。壳表面通常为白色或浅灰绿色，夹有黑色云状斑，或有3条粗大的红色带。无珍珠层。螺层4层左右。缝合线清楚。螺旋部矮而平。体螺层膨大，几乎占据壳全部。生长线细而明显。壳口近似半圆形。内唇向外延伸，形成1个宽板面，并与外唇相接，中部有3~4个发达的齿。外唇的内方有弱齿列。

生态习性　暖水种。栖息于潮间带的岩礁或珊瑚礁质海底。

地理分布　我国南海有分布。

经济价值　壳可加工成工艺品。

奥莱彩螺

学　　名　*Clithon oualaniense* (Lesson, 1831)

分类地位　蜑螺亚纲环蜑形目蜑螺科彩螺属

形态特征　壳小；表面光滑，色泽及花纹变化多，颜色有白色、紫色、黑色、黄色、绿色、褐色等，花纹有带状、网纹状、星点状等。螺层5层左右。缝合线浅。螺旋部小而矮。体螺层膨胀，圆鼓。壳口半圆形。外唇薄。内唇表面光滑，内缘中央凹陷有4~5个小齿。厣为半圆形。

生态习性　栖息于高潮区，大量聚集于有淡水注入的泥沙滩。

地理分布　我国南海有分布。

经济价值　壳可加工成工艺品。

短滨螺

学　　名　*Littorina brevicula* (Philippi, 1844)

分类地位　新进腹足亚纲Littorinimorpha目滨螺科滨螺属

形态特征　壳小，表面黄绿色，杂有褐色、白色云状斑。螺旋部低锥状，体螺层膨胀，圆鼓。螺层中部扩张形成肩部，有粗细不等的螺肋。壳口圆形，内面褐色。外唇有褐色和白色相间的镶边。内唇下端向前方扩张成1个反折面。无脐。厣角质。

生态习性　栖息于高潮线附近的岩石上。

地理分布　我国黄海、渤海和东海有分布。

经济价值　可食用。

波纹拟滨螺

学　　名　*Littoraria undulata* (Gray, 1839)

分类地位　新进腹足亚纲Littorinimorpha目滨螺科拟滨螺属

形态特征　壳圆锥状。壳表面有细而低平的螺肋；颜色从灰黄色、灰色至浅褐色不等，具有褐色或紫褐色波状花纹。壳口圆形，内面浅褐色。

生态习性　栖息于潮间带高潮区的岩礁质海底。

地理分布　我国台湾海域、南海有分布。

经济价值　壳可加工成工艺品。

  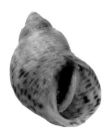  

笋锥螺

学　　名　*Turritella terebra* (Linnaeus, 1758)

分类地位　新进腹足亚纲蟹守螺总科锥螺科锥螺属

形态特征　壳尖锥状，坚实，表面黄褐色。壳顶尖，常折损。缝合线深。螺层29层左右，算珠状。螺旋部每层有5~6条主肋，体螺层主肋有11条左右，每两条主肋间夹杂有细肋。壳口圆形，内面紫褐色。无脐。厣角质。

生态习性　栖息于潮间带沙质海底。

地理分布　我国东海、南海有分布。

经济价值　可食用。

紫壳螺

学　　名　*Tenagodus armatus* (Habe & Kosuge, 1967)

分类地位　新进腹足亚纲蟹守螺总科壳螺科壳螺属

形态特征　壳呈弯曲的细管状。壳表面大部分呈红褐色，近壳顶的数层为紫红色；有纵行的螺肋。螺体中部常有小棘，螺管的肩部有1条纵行的裂缝。

生态习性　栖息于浅海粗沙质环境和海绵群体中。

地理分布　我国台湾海域、南海有分布。

经济价值　壳可收藏。

覆瓦小蛇螺

学　　名　*Thylacodes adamsii* (Mörch, 1859)

分类地位　新进腹足亚纲Littorinimorpha目蛇螺科小蛇螺属

形态特征　壳呈管状，通常水平盘卷如蛇卧。全壳大部分固着在外物上，仅壳口部稍游离。壳表面粗糙，呈灰黄色或褐色，具有数条粗的螺肋，粗肋间还有3～5条细肋，这些肋上均被有不明显的覆瓦状鳞片。

生态习性　栖息于潮间带的岩石上。

地理分布　我国浙江以南沿海均有分布。

经济价值　壳可收藏。

平轴螺

学　　名　*Planaxis sulcatus* (Born, 1778)

分类地位　新进腹足亚纲蟹守螺总科平轴螺科平轴螺属

形态特征　壳较小，呈尖塔状。壳表面灰白色，螺肋又宽又平、排列整齐，肋上有长方形褐色或紫褐色的斑纹。螺层6层左右。螺旋部高。体螺层稍膨大。壳口半圆形。外唇薄。内唇厚，后部有1个结节状凸起。无脐。

生态习性　栖息于潮间带高潮区岩石上。

地理分布　我国东海和南海有分布。

经济价值　壳可加工成工艺品。

纵带滩栖螺

学　　名　*Batillaria zonalis* (Bruguière, 1792)

分类地位　新进腹足亚纲蟹守螺总科滩栖螺科滩栖螺属

形态特征　壳尖锥状，坚实，壳表面灰黄色或黑褐色。缝合线的上方有1条灰白色的环形带。螺旋部高。体螺层较短小，微向腹方弯曲。螺层12层左右，缝合线明显。每一螺层表面具有较粗的波状纵肋及细小的螺肋。壳口卵圆形，内面有褐色条纹。前沟窦状，后沟仅留缺刻。厣角质。

生态习性　栖息于潮间带泥沙滩。

地理分布　在我国沿海广泛分布。

经济价值　可食用。

珠带拟蟹守螺

学　　名　*Pirenella cingulata* (Gmelin, 1791)

别　　名　苦螺

分类地位　新进腹足亚纲蟹守螺总科汇螺科汇螺属

形态特征　壳锥状。壳表面黄褐色，在每一螺层的中部有1条紫褐色带。螺旋部高。体螺层短，稍膨胀。螺层15层左右。螺旋部每一螺层具有3条串珠状的螺肋。体螺层具有9条螺肋，靠缝合线的1条螺肋呈串珠状。体螺层有1条发达的纵肿肋。外唇扩张。前沟短。无脐。厣角质。

生态习性　栖息于潮间带泥滩。

地理分布　在我国沿海广泛分布。

经济价值　可食用，壳可加工成工艺品。

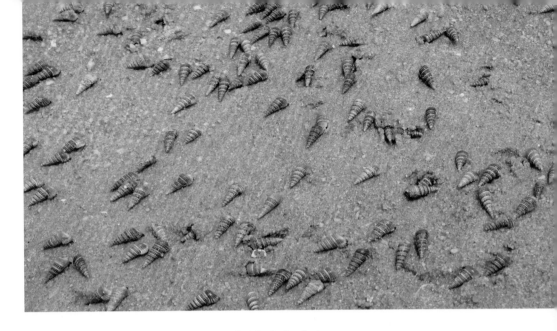

小翼拟蟹守螺

学　　名　*Pirenella microptera* (Kiener, 1841)

分类地位　新进腹足亚纲蟹守螺总科汇螺科汇螺属

形态特征　壳长锥状。壳表面黄褐色，有发达的螺肋和排列整齐的纵肋，两肋相交成结节。螺层16层左右。螺旋部高。体螺层膨胀。壳口略呈菱形。外唇扩张成翼状。前沟明显。脐呈缝隙状。厣角质。

生态习性　栖息于潮间带有淡水注入的泥沙滩。

地理分布　我国福建以南沿海有分布。

经济价值　壳可加工成工艺品。

沟纹笋光螺

学　　名　*Terebralia sulcata* (Born, 1778)

分类地位　新进腹足亚纲蟹守螺总科汇螺科笋光螺属

形态特征　壳锥状。壳表面灰白色，有红褐色带。螺层9层。螺旋部高，有又宽又平的螺肋与纵肋。体螺层的纵肋不明显。壳口呈梨形。外唇厚，向外扩展，其前端反折延伸至左侧与体螺层相连。前沟呈圆孔状，后沟明显。

生态习性　栖息于潮间带红树林的泥沙滩。

地理分布　我国南海有分布。

经济价值　壳可加工成工艺品。

结节蟹守螺

学　　名　*Cerithium nodulosum* Bruguière, 1792

分类地位　新进腹足亚纲蟹守螺总科蟹守螺科蟹守螺属

形态特征　壳大而厚，锥状。壳表面灰白色，杂有紫褐色斑点。螺层14层左右，中部隆起。每一螺层缝合线上方环生7个大凸起，在体螺层背部的凸起特别大。壳基部急剧收窄，上面布有较粗的螺肋。壳口卵圆形，内面白色。外唇前端延伸成钩状，边缘有花瓣状缺刻。内唇近后沟有1个肋状褶皱，近前沟处有1个结节。前沟半管状，后沟较宽。厣角质。

生态习性　栖息于浅海珊瑚礁底质环境。

地理分布　我国台湾海域、南海有分布。

经济价值　壳可加工成工艺品。

发脊螺

学　　名　*Trichotropis unicarinata* G.B. Sowerby I, 1834

别　　名　单肋发脊螺

分类地位　新进腹足亚纲Littorinimorpha目尖帽螺科发脊螺属

形态特征　壳近纺锤形，薄，被有1层厚的灰褐色壳皮。壳皮在肩部形成三角形的角质扁棘。每一螺层的肩部有1个龙骨突。体螺层的基部有2条环肋。壳口大，近三角形。厣角质。脐孔大而深。

生态习性　栖息于潮下带水深50 m左右的泥沙质海底。

地理分布　在我国，发脊螺仅见于黄海北部。

经济价值　壳可收藏。

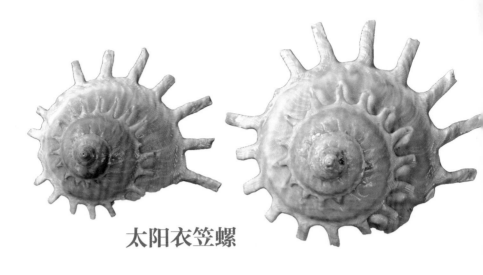

太阳衣笠螺

学　　名　*Stellaria solaris* (Linnaeus, 1764)

分类地位　新进腹足亚纲Littorinimorpha目衣笠螺科衣笠螺属

形态特征　壳呈低圆锥状，较薄。壳表面浅黄色；有斜行的波状纹，纹上有细小的结节状凸起。螺层7层左右。在螺层周缘具有向外延伸的管状凸起，在体螺层上管状凸起19个。管状凸起的上方出现1条环行的缝痕。壳底部较平，有明显的弧形放射肋，肋上有细小的结节状凸起。壳口斜，脐深，部分被内唇遮盖。厣角质，黄褐色。

生态习性　栖息于浅海泥沙底质环境。

地理分布　分布于印度-西太平洋热带水域，我国南海有分布。

经济价值　壳可加工成工艺品。

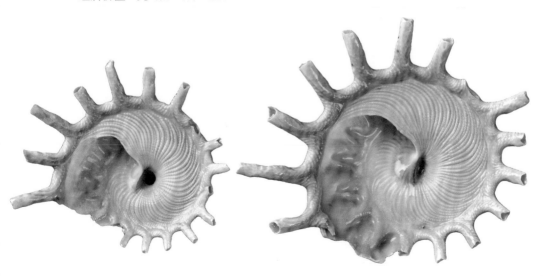

长笛螺

学　　名　*Tibia fusus* (Linnaeus, 1758)

分类地位　新进腹足亚纲Littorinimorpha目笛螺科笛螺属

形态特征　壳两端尖细，呈长纺锤形，上部具有明显的细螺肋，下部有细弱的螺旋纹。壳表面浅黄褐色，沿缝合线下方有1条黄白色的细带。壳口外唇边缘有5～6个爪状的短棘，前沟长度超过贝壳长的1/3。

生态习性　栖息于潮下带至稍深的泥沙质海底。

地理分布　广泛分布于印度-西太平洋热带水域。我国台湾海域、南海有分布。

经济价值　壳可收藏。

珍笛螺

学　名　*Tibia martinii* (Marrat, 1877)

分类地位　新进腹足亚纲Littorinimorpha目笛螺科笛螺属

形态特征　壳呈长纺锤形，螺旋部尖塔状。壳表面黄褐色，有细弱的环纹。壳口橄榄形，内面褐色。外唇厚，边缘有数个短棘。前沟尖。

生态习性　栖息于潮下带至较深的泥沙质海底；较少见。

地理分布　分布于热带西太平洋，我国台湾海峡和海南岛海域有分布。

经济价值　壳可收藏。

斑凤螺

学　　名　*Lentigo lentiginosus* (Linnaeus, 1758)

分类地位　新进腹足亚纲Littorinimorpha目凤螺科斑凤螺属

形态特征　壳厚而坚实。壳表面灰白色，杂有灰绿色和褐色云状斑及斑点；粗糙不平，具有不甚整齐、低平、细弱的环肋。螺层9层左右。螺旋部小，圆锥状。壳顶突出，尖。体螺层极膨大，约占壳高度的3/4。螺旋部每层中部肩角上有1列瘤状结节。在体螺层上，这种瘤状结节有4列，上方第1列特别发达；背部4~5个结节发育成角状凸起。壳口又窄又长，靠外部白色；内部橙红色。外唇边缘加厚，稍呈波状。其上缘有2个、下缘有1个U形缺刻。前沟又短又宽，呈缺刻状；后沟又窄又长。厣角质。

生态习性　栖息于浅海有珊瑚礁的沙底质环境。

地理分布　分布于印度-西太平洋诸岛沿海，我国台湾海域、南海有分布。

经济价值　壳可加工成工艺品。

篱凤螺

学　　名　*Conomurex luhuanus* (Linnaeus, 1758)

别　　名　公主螺、红口螺

分类地位　新进腹足亚纲Littorinimorpha目凤螺科锥凤螺属

形态特征　壳坚固，形似芋螺。壳有棕色波浪形花纹，表面被黄褐色壳皮。螺旋部短，体螺层骤然增大。壳口长条形，内面肉红色，刻有细沟纹。外唇厚，边缘向内方卷曲，前、后部各有1个明显的缺刻。内唇薄，黑褐色。前沟短。厣角质。

生态习性　栖息于潮间带岩礁或珊瑚礁海域。

地理分布　广泛分布于印度–西太平洋热带水域，我国台湾海域、南海有分布。

经济价值　可食用，壳可加工成工艺品。

黑口凤螺

学　名 *Euprotomus aratrum* (Röding, 1798)

别　名 燕子螺

分类地位 新进腹足亚纲Littorinimorpha目凤螺科丽凤螺属

形态特征 壳厚而坚实，表面灰黄色。螺层10层左右。螺旋部高约为壳高的1/3。各螺层中部扩张形成肩角，其上有1列发达的结节。在体螺层上有3～4列结节状凸起。壳口狭长，内面杏黄色。内唇的上部和外唇的上、下边缘呈栗色。外唇扩张，边缘的前、后部各有1个缺刻，后端伸出1个剑状凸起。内唇向背方弯曲。前沟管状，甚长。

生态习性 栖息于浅海沙或泥沙底质环境。

地理分布 我国台湾海域、南海有分布。

经济价值 可食用，壳可加工成工艺品。

铁斑凤螺

学　　名　*Canarium urceus* (Linnaeus, 1758)

分类地位　新进腹足亚纲Littorinimorpha目凤螺科橄榄凤螺属

形态特征　壳较小，坚实；表面黄白色，有棕色斑点。螺层8层左右。在各螺层的中部和体螺层的上部扩张形成肩角，肩角上有结节状凸起。体螺层稍膨大，有2条不完整的橄榄色带。壳口梭形，内面浅棕色，刻有多条沟纹，外缘有紫褐色镶边。外唇边缘加厚，近后端弯曲形成1个棱角，前缺刻浅。内唇紧贴壳轴。前沟短小。厣柳叶形，角质，一侧有齿。

生态习性　栖息于低潮线附近的沙滩。

地理分布　为印度–西太平洋热带水域常见种，我国台湾海域、南海有分布。

经济价值　可食用，壳可加工成工艺品。

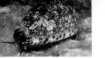

水晶凤螺

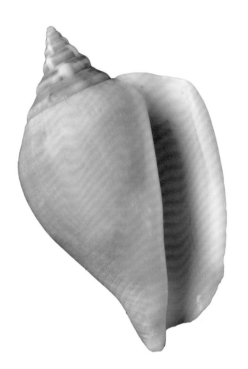 

学　　名　*Laevistrombus canarium* (Linnaeus, 1758)

分类地位　新进腹足亚纲Littorinimorpha目凤螺科光滑凤螺属

形态特征　壳厚而坚实。壳表面黄色或黄褐色，有的具有比较密集的黄褐色波状或锯齿状花纹。有薄的壳皮，易脱落。螺层9～10层。螺旋部小，呈圆锥状；各螺层肩部增宽，形成钝角。胚壳光滑，其下数层具有低平的、细的螺肋，次体层以下壳面光滑无肋。体螺层特别膨大，前端收窄。壳口又窄又长；内面白色，极光滑。外唇扩张，呈翼状，边缘加厚，稍向内倾斜；前、后缺刻浅，呈弧形向内凹陷。内唇前端略微向背方弯曲。前沟又宽又短，呈截形。厣角质。

生态习性　栖息于浅海泥沙底质环境。

地理分布　广泛分布于印度-西太平洋，我国东南沿海有分布。

经济价值　壳可加工成工艺品。

水字螺

学　　名　*Harpago chiragra* (Linnaeus, 1758)

别　　名　笔架螺

分类地位　新进腹足亚纲Littorinimorpha目凤
螺科水字螺属

形态特征　壳大、厚。壳表面黄白色，密
布紫褐色斑点，并有薄的黄褐色壳皮。整个壳
表面具有细弱的螺纹。螺层9层左右，壳顶尖细。螺旋部
各层宽度增长缓慢，呈塔形。体螺层膨大，呈拳状。在每一螺层上
方各有1横列结节状凸起。在体螺层有4列较强的螺肋，在第1～2条螺肋上具有
或强或弱的瘤状结节。壳口近长方形，内面浅玫瑰色、玫瑰色或紫色，并有细肋纹。壳口边
缘有6个强大的钩状棘，呈"水"字形，故名。外唇厚，扩张，边缘向内折曲，接近前端有
发达的U形缺刻。内唇滑层向外伸展。前沟短。

生态习性　栖息于低潮线下沙质或珊瑚礁质海底。

地理分布　广泛分布于太平洋诸岛海域和印度洋，我国台湾海域、南海有分布。

经济价值　壳可收藏。

蝎尾蜘蛛螺

学　　名　*Lambis scorpius* (Linnaeus, 1758)

分类地位　新进腹足亚纲Littorinimorpha目凤螺科蜘蛛螺属

形态特征　壳表面饰纹丰富多彩。壳轴的滑层很发达，在外唇通常有指状凸起。双眼发达，眼柄上有长而尖的触手，可自由伸缩。壳口大多狭长，有前、后水管沟。外唇又宽又厚，前端常有虹吸道。厣小，角质，边缘呈锯齿状。

生态习性　栖息于热带和亚热带海域，从潮间带至浅海沙、泥沙和珊瑚礁底质环境中均有分布，以藻类和有机碎屑为食。

地理分布　分布于西太平洋，我国台湾海域、南海有分布。

经济价值　壳可收藏。

瘤平顶蜘蛛螺

学　　名　*Lambis truncata sebae* (Kiener, 1843)

分类地位　新进腹足亚纲Littorinimorpha目风螺科蜘蛛螺属

形态特征　壳背面观呈长卵圆形，大而厚。壳表面粗糙、白色，具有浅褐色斑点，并有易脱落的黄褐色壳皮。螺层10层左右，缝合线浅。壳顶钝，常被腐蚀。螺旋部呈塔状。体螺层膨大。在每一螺层的肩部有较强的瘤状结节。在体螺层上有不均匀的细肋。壳口大，壳内面肉色，光滑。外唇缘极度扩张，边缘具有较长的棘，接近前端U形缺刻明显。内唇滑层向外扩展。前沟半管状。

生态习性　栖息于浅海珊瑚礁底质环境。

地理分布　我国台湾海域、南海有分布。

经济价值　壳可收藏。

斑玉螺

学　名 *Paratectonatica tigrina* (Röding, 1798)

别　名 花螺、蚶虎

分类地位 新进腹足亚纲Littorinimorpha目玉螺科拟玉螺属

形态特征 壳近球状，薄，坚实。壳表面平滑，生长线细密；绝大部分区域为黄白色，密布不规则的紫褐色斑点，有时斑点相互连接形成断续的纵走条纹；基部白色，无花纹；壳顶紫色；常被有浅黄色壳皮，易脱落。螺层5层左右。缝合线较深，螺层稍膨胀、圆鼓。螺旋部低小，体螺层膨大。壳口卵圆形，内面白色。外唇薄，呈弧形。内唇有滑层，上部薄，中、下部厚；中部形成1个中等大小的结节，贴于脐的外方。脐孔大，不深。厣石灰质，坚实，浅黄白色，外侧边缘有2条半环形沟纹。

生态习性 栖息于潮间带泥沙滩或泥滩。

地理分布 在我国沿海广泛分布。日本、菲律宾、印度尼西亚等沿海都有分布。

经济价值 可食用。

扁玉螺

学　　名　*Neverita didyma* (Röding, 1798)

别　　名　香螺

分类地位　新进腹足亚纲Littorinimorpha目玉螺科扁玉螺属

形态特征　壳半球状，厚而坚实。壳表面光滑无肋，生长线明显；绝大部分呈浅黄褐色，壳顶为紫褐色，基部为白色。壳顶低小，螺旋部较短，体螺层宽度突然加大。在每一螺层的缝合线下方有1条褐色带。壳口卵圆形。外唇薄，呈弧形。内唇滑层较厚，中部形成与脐相连接的深褐色胼胝，其上有1条明显的沟痕。脐孔大而深。厣角质，黄褐色。

生态习性　栖息于潮间带至水深约50 m的沙或泥沙质海底。

地理分布　分布于印度-西太平洋，在我国沿海有分布。

经济价值　可食用。

广大扁玉螺

学　　名　*Neverita reiniana* Dunker, 1877

别　　名　香螺

分类地位　新进腹足亚纲Littorinimorpha目玉螺科扁玉螺属

形态特征　壳略呈球状。壳表面光滑，浅紫色或浅黄褐色。螺层5层左右。螺旋部稍高。体螺层相当膨胀。在每一螺层的上方，缝合线下部或多或少收缢。壳口半圆形，内面肉色。外唇薄。内唇加厚，中部形成1个厚的脐部结节，其上有1条横沟痕。脐大而深。厣角质。

生态习性　栖息于浅海泥沙底质环境。

地理分布　分布于印度–西太平洋，我国渤海、黄海、东海有分布。

经济价值　可食用。

微黄镰玉螺

学　名　*Euspira gilva* (Philippi, 1851)

别　名　福氏乳玉螺

分类地位　新进腹足亚纲Littorinimorpha目玉螺科镰玉螺属

形态特征　壳近卵状，薄而坚实。壳表面光滑无肋，黄褐色或灰黄色。缝合线明显。螺旋部高起，圆锥状，多呈青灰色。体螺层膨大。生长线细密，有时在体螺层上形成纵走的褶皱。壳口卵圆形，内面为灰紫色。外唇薄，易破。内唇上部滑层厚，靠脐部形成结节。脐孔深。厣角质。

生态习性　栖息于软泥、沙或泥沙质海底。大部分栖息于潮间带。

地理分布　在我国沿海广泛分布。日本和朝鲜半岛海域也有分布。

经济价值　可食用。

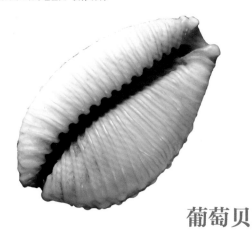

葡萄贝

学　　名　*Staphylaea staphylaea* (Linnaeus, 1758)

分类地位　新进腹足亚纲Littorinimorpha目宝贝科葡萄贝属

形态特征　壳小，近卵状。背部膨胀、圆鼓，紫罗兰色，其上密布大小不等的灰白色粒状凸起。背线明显，稍有折曲。壳两端微突出，呈红褐色，两侧缘微向上翻卷，具有不明显的侧凹。壳的基部微隆起，呈黄褐色。壳口窄长。内唇齿17个左右。外唇齿19个左右。

生态习性　栖息于低潮线附近的岩石或珊瑚礁质海底。

地理分布　我国台湾海域、南海有分布。

经济价值　壳可加工成工艺品。

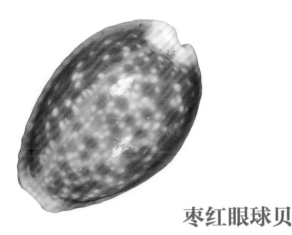
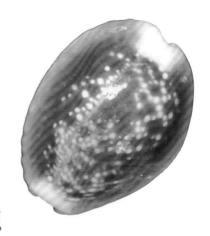

枣红眼球贝

学　名　*Naria helvola* (Linnaeus, 1758)

分类地位　新进腹足亚纲Littorinimorpha目宝贝科眼球贝属

形态特征　壳卵状，基部略扩张，厚而坚实。背部中央隆起，周围压扁，前端较瘦；背线微弓曲。壳表面光滑，有瓷质光泽；大部分区域呈浅绿灰色，有较密集的白色斑点和分布不均匀、大而稀疏的枣红色斑点；两侧缘枣红色，无斑点；前、后端上面呈浅紫罗蓝色；两侧有小的凹坑；基部黄褐色。壳口窄，内面浅紫色。两侧唇齿粗壮。内唇齿12～14个。外唇齿17个左右。外套膜有紫色斑点。

生态习性　暖水种。栖息于潮间带低潮线附近至水深约20 m的海底。退潮后，常隐藏在礁石块下面或洞穴内。

地理分布　我国台湾海域、南海有分布。

经济价值　壳可加工成工艺品。

环纹货贝

学　名　*Monetaria annulus* (Linnaeus, 1758)

别　名　金环宝螺

分类地位　新进腹足亚纲Littorinimorpha目宝贝科货贝属

形态特征　壳两端较瘦弱；背部中央隆起，向周围逐渐变低平。壳表面极光滑而富瓷质光泽。背部有1条不明显的金黄色环纹，环纹延伸至壳两端时中断，留有缺口。环纹内为浅蓝色或浅褐色，环纹外为灰褐色或灰白色。基部平、中凹、白色。成体螺旋部完全被珐琅质覆盖，背线不清楚。壳口窄长，略有折曲，前端稍宽，内面为浅紫色。两侧唇齿稀疏、粗壮，向外延伸。内唇齿10个左右。外唇齿12个左右。轴沟浅。

生态习性　栖息于热带和亚热带海域。生活环境和货贝相同，为常见种。

地理分布　我国台湾海域、南海有分布。

经济价值　壳可加工成工艺品。

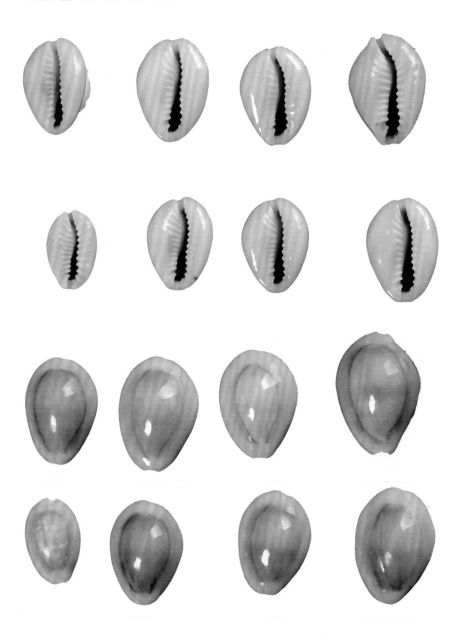

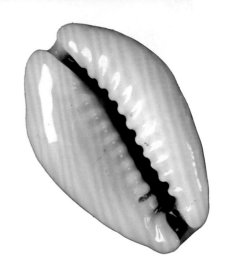

货贝

学　　名　*Monetaria moneta* (Linnaeus, 1758)

分类地位　新进腹足亚纲Littorinimorpha目宝贝科货贝属

形态特征　壳中央隆起，两侧低平，在壳后部两侧约1/3处突然扩张，并形成结节状凸起。壳表面常有弱的凸起，光滑；鲜黄色（色深浅有变化），常带灰绿色；背部具有2～3条不明显的、界限不清的灰绿色横带和金黄色的环纹；壳口附近白色。成体螺旋部完全被珐琅质覆盖，背线不明显。壳口又窄又长，几乎呈直线，内面浅褐色。两侧唇齿又粗又短。内唇齿10～12个。外唇齿10～13个。

生态习性　暖水种。多栖息于潮间带中、低潮区；潮水退后，常隐藏在礁石块下面、礁石缝隙内或洞穴中。

地理分布　我国台湾海域、南海有分布。

经济价值　壳可加工成工艺品。

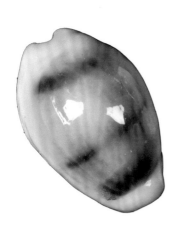

黄褐禄亚贝

学　　名　*Luria isabella* (Linnaeus, 1758)

别　　名　伊萨伯拉禄亚贝

分类地位　新进腹足亚纲Littorinimorpha目宝贝科禄亚贝属

形态特征　壳坚实，背部圆鼓。壳表面灰褐色或浅褐色，有纵列不规则的黑褐色短线
纹和浅灰黄色横带。基部略平，白色。壳口内面灰白色。外唇齿42个。内唇齿33个。

生态习性　栖息于水深23～50 m的沙质海底。

地理分布　我国台湾海域、南海有分布。

经济价值　壳可加工成工艺品。

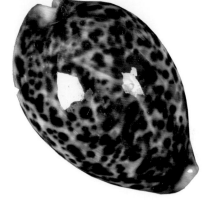

虎斑宝贝

学　　名　*Cypraea tigris* Linnaeus, 1758

分类地位　新进腹足亚纲Littorinimorpha目宝贝科宝贝属

形态特征　壳呈卵状，坚实。背部圆鼓，前端稍瘦，后端壳顶部位向内凹陷，两侧的基部向内收缩。壳表面极光滑，富瓷质光泽；绝大部分区域呈灰白色或浅黄褐色（壳色的深浅常因栖息环境而变化），两侧缘白色，具有许多大小不同、分布不均匀的黑褐色斑点。基部中凹，乳白色，隐约可见黑色斑点。壳口又窄又长，内面为白色。轴沟浅。内唇齿细，14～26个，中部较密，两端较稀疏。外唇齿24～30个，较粗壮而稀疏。外套膜上具有暗灰色和浅黄灰色条纹。

生态习性　热带和亚热带种。在热带珊瑚礁海域分布较多。栖息在潮间带低潮区至水深约20 m岩礁质海底。

地理分布　我国台湾海域、南海有分布。

经济价值　可食用，壳可观赏和制作贝雕。

保护级别　被《国家重点保护野生动物名录》列为国家二级重点保护野生动物。

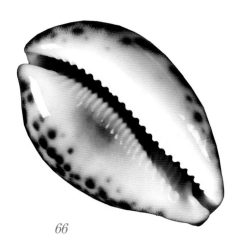

阿文绶贝

学　　名　*Mauritia arabica* (Linnaeus, 1758)

别　　名　阿拉伯宝螺

分类地位　新进腹足亚纲Littorinimorpha目宝贝科绶贝属

形态特征　背部圆鼓，两侧下部略微向内收缩，边缘稍厚。壳表面大部分区域呈褐色，有纵横交错、不甚规则的、断续的棕褐色条纹；两侧绿灰褐色，有紫色斑点；背部具有褐色或灰蓝色带。这种褐色或灰蓝色带在幼螺极明显，至成体多模糊不清。壳口又窄又长，内面浅紫色。内、外两侧唇齿红褐色，各32个左右，前端稍宽。

生态习性　栖息于潮间带低潮线附近珊瑚礁或岩石质海底；潮水退后多隐蔽在岩石下面或珊瑚礁的洞穴内。多昼伏夜出。

地理分布　在我国，阿文绶贝广泛分布于福建东山以南沿海。

经济价值　壳可加工成工艺品。

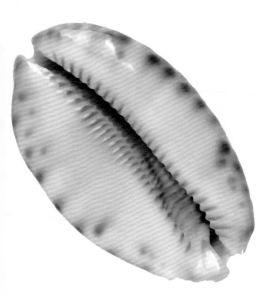

图纹绶贝

学　　名　*Leporicypraea mappa* (Linnaeus, 1758)

别　　名　地图宝螺

分类地位　新进腹足亚纲Littorinimorpha目宝贝科图纹宝贝属

形态特征　壳呈椭球状，背部圆润而光滑，有光泽。壳表面大部分区域有细密的纵行棕褐色线纹和颜色较浅的斑点，基部玫红色。背线明显，向两侧分支。壳口两侧唇齿短。

生态习性　栖息于浅海岩礁或珊瑚礁底质环境。

地理分布　分布于印度–西太平洋热带水域。我国台湾海域、南海有分布。

经济价值　壳可加工成工艺品。

钝梭螺

学　　名　*Volva volva* (Linnaeus, 1758)

分类地位　新进腹足亚纲Littorinimorpha目卵梭螺科梭螺属

形态特征　壳纺锤形，前、后两端延伸成剑状，中部卵状。壳表面肉色，有光泽；有环行沟纹，在两端剑状延伸部的环纹较明显。壳口狭长，下方稍宽。外唇较厚，弧形。内唇薄，中部膨圆。前、后沟极长，呈半管状，尖端部稍向背方翘起。

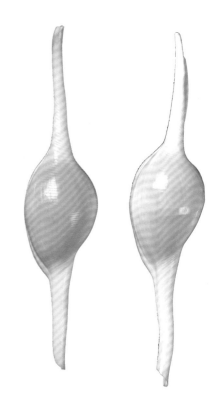

生态习性　栖息于浅海。

地理分布　在我国，钝梭螺分布于南海。

经济价值　壳可收藏。

中国常见海洋生物原色图典·**软体动物**

唐冠螺

学　　名 *Cassis cornuta* (Linnaeus, 1758)

别　　名 冠螺

分类地位 新进腹足亚纲Littorinimorpha目冠螺科冠螺属

形态特征 壳大而厚重，略呈球状或卵状，表面灰白色。螺旋部低矮。体螺层膨大。螺肋与生长线交叉，呈网目状。体螺层有3条粗壮的螺肋，肩部的1条有5～7个角状凸起。壳口又窄又长，内面为深橙红色。内、外唇扩张成橙黄色的盾面。外唇内缘有5～7个齿。内唇有8～11个褶襞。前沟短，向背部扭曲。厣小，棕褐色。

生态习性 栖息于水深1 m至20余米的沙质海底。

地理分布 我国台湾海域、南海有分布。日本海域也有分布。

经济价值 为四大名螺之一。可食用，壳可观赏和制作贝雕。

保护级别 被《国家重点保护野生动物名录》列为国家二级重点保护野生动物。

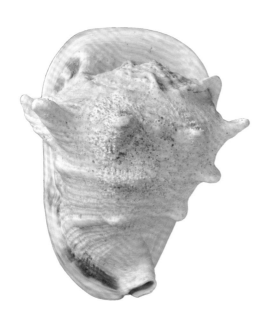

70

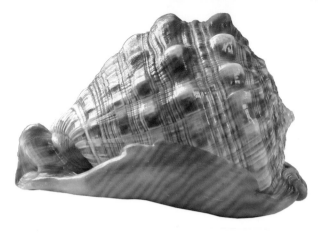

宝冠螺

学　　名　*Cypraecassis rufa* (Linnaeus, 1758)

别　　名　万宝螺

分类地位　新进腹足亚纲Littorinimorpha目冠螺科宝冠螺属

形态特征　壳呈卵状。壳表面紫褐色，杂有黄白色和浅紫色的斑纹。体螺层上具有4～5行宽大的螺肋，上方2行最强大，呈瘤状凸起。壳口狭长，唇部橙红色且有光泽，内缘有白色皱襞或齿纹。

生态习性　暖水种。栖息于浅海沙、岩礁或珊瑚礁底质环境。

地理分布　分布于印度–西太平洋，我国台湾海域、南海有分布。

经济价值　为四大名螺之一。壳可加工成工艺品。

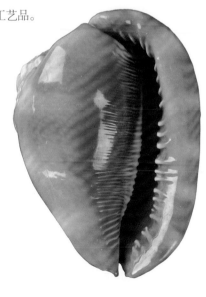

沟纹鬘螺

学　　名　*Phalium flammiferum* (Röding, 1798)

分类地位　新进腹足亚纲Littorinimorpha目冠螺科鬘螺属

形态特征　壳呈卵状，白色，具有较宽的红褐色波状花纹。螺层9层左右。螺旋部较短，纵向和横向的细肋交叉形成粒状凸起，有时还出现纵肿肋。体螺层膨大，腹面有发达的纵肿肋。壳口狭长。外唇厚而向外翻卷，内缘有齿肋。内唇下部延伸成片状，并有许多不规则的肋。前沟又宽又短，向背方弯曲。厣角质。

生态习性　栖息于低潮区至浅海的沙底质环境。

地理分布　我国东南沿海有分布。日本沿海也有分布。

经济价值　可食用，壳可加工成工艺品。

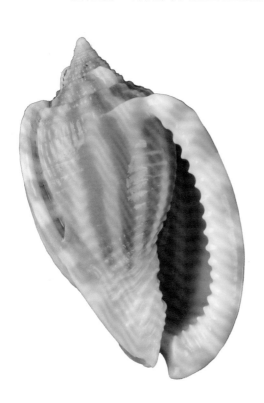

斑鹑螺

学　名　*Tonna dolium* (Linnaeus, 1758)

分类地位　新进腹足亚纲Littorinimorpha目鹑螺科鹑螺属

形态特征　壳略呈球状。壳表面白色，被1层薄的暗黄色壳皮。螺层8层左右。螺旋部低。体螺层膨大。缝合线呈浅沟状。壳顶$3\frac{1}{2}$层光滑，其余层密布螺肋。体螺层上有15～17条螺肋。肋间距大于肋宽，肋上有近方形的褐色斑点。壳口大，半圆形。内唇前半部扭曲，有假脐。前沟又宽又短。

生态习性　栖息于水深10～50 m的细沙质海底。

地理分布　我国东海、南海有分布。日本、菲律宾海域也有分布。

经济价值　可食用，壳可加工成工艺品。

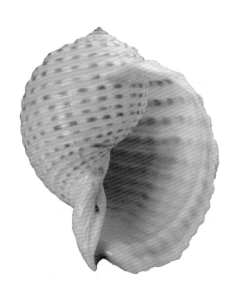

中国鹑螺

学　名　*Tonna chinensis* (Dillwyn, 1817)

分类地位　新进腹足亚纲Littorinimorpha目鹑螺科鹑螺属

形态特征　壳略呈球状。壳表面浅黄色，有发达的、又宽又平的螺肋。每隔1条、2条或3条颜色深的螺肋出现1条或2条颜色较浅的、有褐色斑块的螺肋。螺旋部低。体螺层膨大。螺层7层左右。壳口半圆形，内面浅褐色，刻有深的螺肋。外唇薄，边缘有缺刻。内唇下部向外翻卷与螺轴形成假脐。前沟又宽又短，向背方扭曲。无厣。

生态习性　栖息于浅海沙或泥沙底质环境。

地理分布　我国东海、南海有分布。日本海域也有分布。

经济价值　可食用，壳可加工成工艺品。

长琵琶螺

学　　名　*Ficus gracilis* (G. B. Sowerby Ⅰ, 1825)

分类地位　新进腹足亚纲Littorinimorpha目琵琶螺科琵琶螺属

形态特征　壳近似琵琶状。壳表面黄褐色，有褐色波状纹和低平而整齐的螺肋。横向的螺肋和细弱的纵肋交织成小方格状。螺层6层左右。螺旋部稍突出。体螺层极膨大而长。壳口狭长，内面蓝褐色。外唇较厚，内唇弯曲。前沟长，半管状。无厣。

生态习性　栖息于浅海泥沙底质环境。

地理分布　我国福建以南沿海有分布。日本沿海也有分布。

经济价值　可食用，壳可加工成工艺品。

习见赤蛙螺

学　　名　*Bufonaria rana* (Linnaeus, 1758)

分类地位　新进腹足亚纲Littorinimorpha目蛙螺科赤蛙螺属

形态特征　壳呈卵状。壳表面黄白色，有紫褐色火焰状条纹和细的螺肋，肋上有颗粒状结节。螺层9层。在体螺层上有2列角状凸起，其他螺层的肩角上各有1列角状凸起。每一螺层有2条纵肿肋，肋上也生有角状凸起。壳口橄榄形，内面黄白色。外唇厚，边缘有许多齿。内唇边缘有褶襞及粒状凸起。前沟半管状，后沟内侧有时有肋突。厣角质。

生态习性　栖息于浅海软泥、泥沙或细沙底质环境。

地理分布　我国浙江以南沿海有分布。日本沿海也有分布。

经济价值　可食用，壳可加工成工艺品。

法螺

学　　名　*Charonia tritonis* (Linnaeus, 1758)

分类地位　新进腹足亚纲Littorinimorpha目法螺科法螺属

形态特征　壳极大，表面黄红色，具有黄褐色或紫褐色鳞状花纹。螺层10层左右，顶部常磨损。螺旋部高，尖锥状。体螺层膨大。每一螺层具有光滑的螺肋及纵肿肋。壳口卵圆形，内面橙红色。外唇边缘向外延伸，内缘有成对的红褐色的齿肋。前沟短，向背方弯曲。厣角质。

生态习性　栖息于浅海岩礁或珊瑚礁底质环境。

地理分布　广泛分布于印度–西太平洋热带水域，我国台湾和西沙群岛海域有分布。

经济价值　壳可收藏，也可制作号角，为四大名螺之一。

保护级别　被《国家重点保护野生动物名录》列为国家二级重点保护野生动物。

梯螺

学　　名　*Epitonium scalare* (Linnaeus, 1758)

分类地位　新进腹足亚纲梯螺总科梯螺科梯螺属

形态特征　壳呈锥状，表面洁白或带棕色。壳表面膨胀，具有发达的片状肋。螺层10层左右。缝合线深，呈沟状，使各螺层呈游离状态。在体螺层的片状肋有9条左右，其末端伸入脐孔。壳口近圆形。内、外唇均稍加厚，其外唇边缘略向外反折。脐孔大而深。厣角质。

生态习性　栖息于浅海泥沙底质环境。

地理分布　我国东海、南海有分布。日本海域也有分布。

经济价值　壳可收藏。

鹧鸪轮螺

学　　名　*Architectonica perdix* (Hinds, 1844)

分类地位　异鳃亚纲轮螺总科轮螺科轮螺属

形态特征　壳呈低锥状。壳表面略微膨胀。螺层8层左右。每一螺层中央为1个黄灰色的平坦面，其上、下两缘为发达的螺肋，肋上有褐色和黄白色斑点相间排列。在体螺层基部边缘有1条螺肋，肋上同样有褐色和黄白色斑点相间排列。壳基部平，有放射状的沟纹；周缘有1条具浅褐色斑点的螺肋。脐孔宽大而深，周缘有2条肋：内侧肋较粗，有齿状缺刻；外侧肋较细，有方格状纹理。壳口斜，梯形。厣角质。

生态习性　栖息于浅海泥沙底质环境。

地理分布　我国南海有分布。

经济价值　壳可加工成工艺品。

 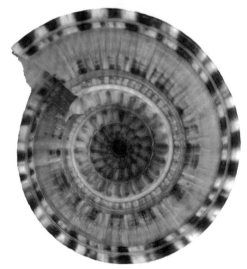

脉红螺

学　　名　*Rapana venosa* (Valenciennes, 1846)

别　　名　红螺、菠螺

分类地位　新进腹足亚纲新腹足目骨螺科红螺属

形态特征　壳略近梨状，厚而坚实。壳表面粗糙，具有排列整齐而平的螺旋形肋和细沟纹；黄褐色，有棕褐色斑点。螺旋部短小，体螺层极膨大。壳口很大，形似喇叭，内面杏红色，有珍珠光泽。厣角质，椭圆形，棕色。生长线明显。

生态习性　多栖息于潮间带至潮下带数米深的海底，有时也钻入泥沙生活。

地理分布　我国渤海、黄海、东海有分布。

经济价值　可食用，壳可加工成工艺品。

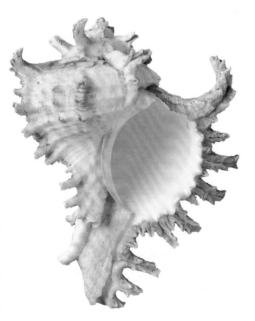

大棘螺

学　　名　*Chicoreus ramosus* (Linnaeus, 1758)

别　　名　大千手螺

分类地位　新进腹足亚纲新腹足目骨螺科棘螺属

形态特征　大棘螺为骨螺科动物中壳最大者。壳厚重，表面有许多环行的细肋纹；黄白色，杂有褐色斑。环行肋纹常为褐色，在体螺层缝合线下方大部分带有铁锈色。螺层8层左右。缝合线浅。螺旋部较低矮，高度约为壳高的1/4。每一螺层有纵肿肋3条，肋上生有发达的分支状棘。在壳口边缘纵肿肋上的棘有7~10个。棘的大小不等，以上方第1个最粗壮。在两个纵肿肋之间有1个大的或一大一小的瘤状凸起。壳口近圆形，内面白色，唇缘粉红色。外唇边缘有强大的犬齿状棘，内唇光滑。前沟粗，呈扁的半管状，前端向背方扭曲。厣角质。

生态习性　暖水种。栖息于水深数米至30 m的海底。

地理分布　我国台湾海域、南海有分布。

经济价值　可食用，壳可加工成工艺品。

浅缝骨螺

学　名　*Murex trapa* Röding, 1798

分类地位　新进腹足亚纲新腹足目骨螺科骨螺属

形态特征　壳表面黄灰色或黄褐色，螺肋细而高起。螺层8层左右。缝合线浅。每一螺层有3条纵肿肋。螺旋部各纵肿肋的中部有1个尖刺。体螺层的纵肿肋上具有3个长刺，其间有的还具有1个短刺。体螺层纵肿肋之间有5～7条细弱的肿肋。前沟很长，几乎呈封闭的管状；其上尖刺长度通常不超过前沟长度的1/2。厣角质。

生态习性　暖水种。栖息于水深数十米的泥沙质海底。为海底拖网常见的种类。

地理分布　在我国，浅缝骨螺分布于浙江以南沿海。

经济价值　可食用，壳可加工成工艺品。

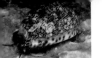

疣荔枝螺

学　　名　*Thais (Reishia) clavigera* (Küster, 1860)

别　　名　辣螺

分类地位　新进腹足亚纲新腹足目骨螺科荔枝螺属

形态特征　壳表面灰白色，常带有绿色，并有螺旋疣肋，有的疣肋凸起且为棕褐色，酷似荔枝壳面。螺层6层左右。缝合线极浅。螺旋部低矮，体螺层大，壳顶常磨损。壳口卵圆形。外唇内缘有缺刻。内唇内缘有胼胝。前沟短。有后沟。厣角质。齿舌中央的1个锥状齿极长。

生态习性　广温性种类，栖息于潮间带至潮下带的岩石环境。肉食性，用吻穿凿其他腹足类或双壳类的壳而食。

地理分布　在我国沿海广泛分布。

经济价值　可食用，壳可加工成工艺品。

延管螺

学　　名　*Magilus antiquus* Montfort, 1810

分类地位　新进腹足亚纲新腹足目骨螺科延管螺属

形态特征　自幼栖息于珊瑚间。为避免被珊瑚包埋，动物软体逐渐离开原来的壳而随着珊瑚的生长向上移动，残留下的螺旋壳和石灰质管为石灰质所填充，仅保留管前端的空腔作为动物软体隐藏的场所。石灰质管的后端有3~4层低的螺旋部，近壳口处则延长成为壁厚的管子。壳表面灰白色。

生态习性　暖水种。栖息于低潮线至水深数米的珊瑚礁质海底。

地理分布　我国台湾海域、南海有分布。日本、菲律宾海域也有分布。

经济价值　壳可收藏。

杂色牙螺

学　　名　*Euplica scripta* (Lamarck, 1822)

分类地位　新进腹足亚纲新腹足目核螺科牙螺属

形态特征　壳表面黄色或灰白色，花纹变化较大，有密集的褐色或紫褐色小雀斑或波纹，有的形成螺带。壳口狭长。外唇加厚；内缘中部略微突出，有1列细齿纹。轴唇上有数个小齿，往内还有2个齿。前沟又宽又短。后沟呈U形。

生态习性　栖息于潮间带的岩礁质海底。

地理分布　分布于印度-西太平洋，我国福建南部、台湾、广东和海南沿海有分布。

经济价值　壳可加工成工艺品。

泥东风螺

学　　名　*Babylonia lutosa* (Lamarck, 1816)

分类地位　新进腹足亚纲新腹足目东风螺科东风螺属

形态特征　壳表面平滑，黄褐色，外被薄的壳皮。螺层9层左右。缝合线明显。基部3～4螺层各在上方形成肩角。壳口内面瓷白色。外唇薄。内唇稍向外折曲。前沟短而深，呈V形。后沟为1个小而明显的缺刻。绷带宽而低平。脐孔明显，有的被内唇掩盖。厣角质。

生态习性　栖息于水深数米至数十米的泥沙质海底。

地理分布　我国东海、南海有分布。日本海域也有分布。

经济价值　可食用。

方斑东风螺

学　　名　*Babylonia areolata* (Link, 1807)

分类地位　新进腹足亚纲新腹足目东风螺科东风螺属

形态特征　螺层8层左右。各螺层膨胀、圆鼓，在缝合线的下方形成1个狭窄而平坦的肩部。壳表面光滑，生长线细密，被黄褐色壳皮。壳皮下面为黄白色，并具有长方形的紫褐色斑块。斑块在体螺层有3横列，以上方的1列最大。外唇薄。内唇光滑并紧贴于壳轴上。脐孔大而深。厣角质。

生态习性　栖息于水深数米至数十米的泥沙质海底。

地理分布　我国东南沿海有分布。斯里兰卡、日本海域也有分布。

经济价值　可食用，壳可加工成工艺品。

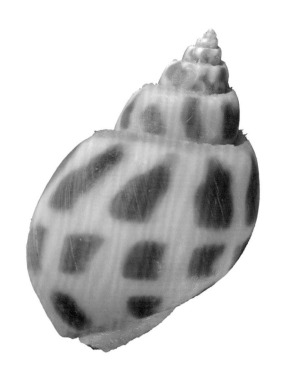

甲虫螺

学　　名　*Cantharus cecillei* (Philippi, 1844)

分类地位　新进腹足亚纲新腹足目土产螺科甲虫螺属

形态特征　壳纺锤形，有发达的纵肋和螺肋。螺肋有粗有细。螺层7层左右。缝合线呈波纹状。螺旋部呈圆锥状。体螺层膨大。体螺层上通常有6～10条纵肋。外唇边缘有厚的镶边，内缘有齿状凸起。内唇紧贴于壳轴上。

生态习性　栖息于潮间带至水深约10米的岩石质海底。

地理分布　在我国沿海广泛分布。日本海域也有分布。

经济价值　可食用，壳可加工成工艺品。

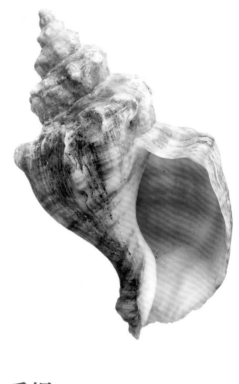

香螺

学　　名　*Neptunea cumingii* Crosse, 1862

分类地位　新进腹足亚纲新腹足目蛾螺科香螺属

形态特征　壳大，呈纺锤形。壳表面具有许多细的螺肋和生长纹；黄褐色，被有褐色壳皮。螺层7层左右。缝合线明显。每一螺层中部和体螺层上部扩张成肩角。在基部数螺层的肩角上有发达的棘状或翘起的鳞片状凸起。壳口大，卵圆形。外唇弧形。内唇略扭曲。前沟又短又宽，前端稍微向背方弯曲。厣角质。

生态习性　栖息于水深数米至70余米的泥沙或岩礁质海底。其卵群俗称"海苞米"。

地理分布　在我国，香螺栖息于渤海和黄海。朝鲜半岛和日本海域也有分布。

经济价值　可食用。

细角螺

学　　名　*Hemifusus ternatanus* (Gmelin, 1791)

别　　名　角螺、响螺

分类地位　新进腹足亚纲新腹足目盔螺科角螺属

形态特征　壳表面被黄褐色的、密布毛刺的壳皮，有粗细相间的螺肋和较弱的纵肋。螺层9层左右。每一螺层的中部向外扩张形成肩角。肩角上部倾斜。肩角上有较弱的结节状凸起，在体螺层上结节状凸起较发达。肩部下面的4条螺肋较发达。壳口长、大。外唇薄。前沟直，延长。厣角质。

生态习性　栖息于水深10余米至约70 m的泥沙质海底。

地理分布　在我国，细角螺分布于东海、南海。日本海域也有分布。

经济价值　可食用，壳可收藏。

秀丽织纹螺

学　　名　*Nassarius festivus* (Powys, 1835)

分类地位　新进腹足亚纲新腹足目织纹螺科织纹螺属

形态特征　壳表面黄褐色或黄色，具有褐色带。螺层8层左右。缝合线深。壳顶光滑。其余螺层表面有发达而稍斜行的纵肋，这种纵肋在体螺层上有9～12条。螺肋明显。螺肋和纵肋互相交叉形成明显的粒状凸起。外唇薄，内缘有数个粒状齿。内唇向外延伸，遮盖脐带。前沟短而深。后沟不明显。厣角质。

生态习性　栖息于潮间带中、下区的泥沙滩。

地理分布　在我国沿海广泛分布。菲律宾沿海也有分布。

经济价值　壳可加工成工艺品。

纵肋织纹螺

学　　名　*Nassarius variciferus* (A. Adams, 1852)

别　　名　海瓜子

分类地位　新进腹足亚纲新腹足目织纹螺科织纹螺属

形态特征　壳呈短尖锥状。壳表面浅黄色，混有褐色云状斑；具有明显的纵肋和细密的螺纹，且两者交织成布纹状。纵肋的上端较粗大。螺层9层左右。缝合线深。螺旋部高。每一螺层上通常有1～2条粗大的纵肿肋。外唇边缘有厚的镶边，内缘通常有6个齿状凸起。内唇薄。前沟短而深。后沟为1个小的缺刻。

生态习性　栖息于潮间带及潮下带的泥沙质海底。

地理分布　在我国沿海广泛分布。日本海域也有分布。

经济价值　可食用，壳可加工成工艺品。

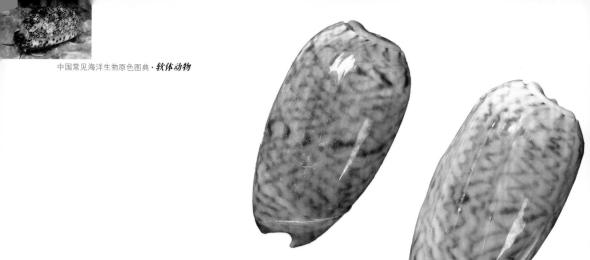

陷顶榧螺

学　　名　*Oliva concavospira* G. B. Sowerby Ⅲ, 1914

分类地位　新进腹足亚纲新腹足目榧螺科榧螺属

形态特征　壳呈长卵状，厚而坚实。壳表面光滑，浅黄色，布有波浪形褐色花纹。壳顶与前部数螺层常愈合，且陷入体螺层。体螺层长、大。壳口狭长，内面浅紫色。外唇直而边缘略厚。内唇褶数目较少。

生态习性　栖息于浅海沙或泥沙底。

地理分布　我国南海有分布。

经济价值　壳可加工成工艺品。

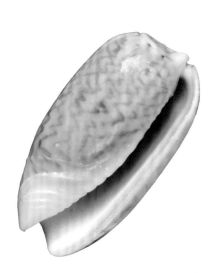

中国笔螺

学　名　*Isara chinensis* (Gray, 1834)

分类地位　新进腹足亚纲新腹足目笔螺科瘦笔螺属

形态特征　壳纺锤形，表面黑褐色。螺层10层左右。缝合线细，明显。螺旋部高。各螺层宽度均匀增加。体螺层中部稍膨胀，至基部收窄。壳顶部数螺层和体螺层的基部有螺旋形沟纹，其余螺层壳面均较光滑，隐约可辨出丝状生长线。外唇简单。内唇中部有3～4条褶襞。

生态习性　栖息于潮间带的岩石环境。

地理分布　我国青岛以南沿海均有分布。

经济价值　壳可加工成工艺品。

笔螺

学　　名	*Mitra mitra* (Linnaeus, 1758)

分类地位　新进腹足亚纲新腹足目笔螺科笔螺属

形态特征　螺层9层左右。壳表面洁白，具有排列整齐而大小不等的橙红色斑块；外被黄色的壳皮。螺旋部高。体螺层中部稍膨大。除在壳顶数螺层有螺纹和体螺层的基部有数条螺肋外，其余壳面光滑。外唇前部向外弯曲，内唇中部有4条强的褶襞。前沟又短又宽。

生态习性　暖水种。栖息于低潮线下水深数米的沙质海底。

地理分布　分布于印度–西太平洋热带水域，我国台湾、南海有分布。

经济价值　壳可加工成工艺品。

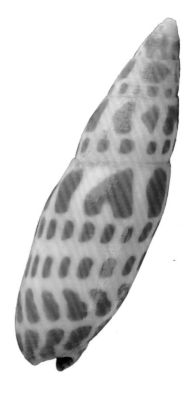

肩棘笔螺

学　　名　*Mitra papalis* (Linnaeus, 1758)

分类地位　新进腹足亚纲新腹足目笔螺科笔螺属

形态特征　壳表面白色，密布大小不等的紫红色斑点；外被土黄色壳皮；有浅而细的螺沟。缝合线下方有锯齿状凸起。壳口长，内面浅黄色。外唇缘有小棘。轴唇上有4个肋状齿。前沟短，后沟窄。

生态习性　栖息于低潮线至水深约30 m的沙质海底。

地理分布　分布于印度–西太平洋，我国台湾海域、南海有分布。

经济价值　壳可加工成工艺品。

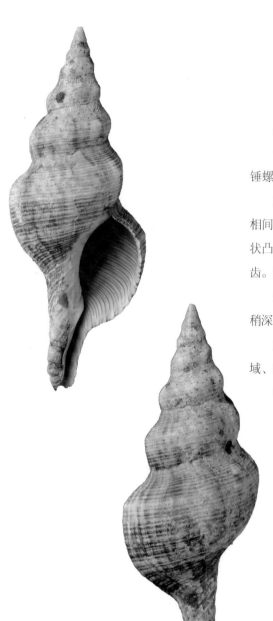

旋纹细带螺

学　名　*Filifusus filamentosus* (Röding, 1798)

别　名　旋纹细肋螺

分类地位　新进腹足亚纲新腹足目细带螺科丝纺锤螺属

形态特征　壳纺锤形。壳表面黄褐色，有粗细相间的螺肋。螺旋层尖而高。在体螺层的肩部有结节状凸起。壳口卵圆形。外唇薄。内唇轴上有3个肋状齿。前沟延长，呈管状。

生态习性　栖息于热带海域潮间带低潮区附近或稍深的珊瑚礁环境。

地理分布　分布于印度-西太平洋，我国台湾海域、南海有分布。

经济价值　可食用，壳可收藏。

柱形纺锤螺

学　名　*Fusinus colus* (Linnaeus, 1758)

分类地位　新进腹足亚纲新腹足目细带螺科纺锤螺属

形态特征　壳呈长的纺锤形。壳表面有壳皮。螺肋明显。螺旋部高。前沟细长，约占壳长的1/3。螺旋部各层有数条纵肋，此肋随螺旋部增长次第变弱并消失。

生态习性　栖息于潮间带的泥沙质海底。

地理分布　我国东南沿海有分布。日本海域也有分布。

经济价值　可食用，壳可收藏。

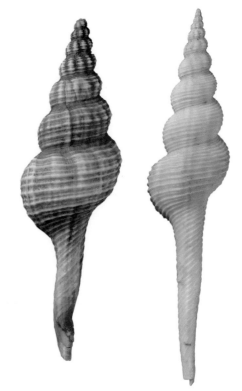

玲珑竖琴螺

学　名　*Harpa amouretta* Röding, 1798

分类地位　新进腹足亚纲新腹足目竖琴螺科竖琴螺属

形态特征　壳呈长卵状。螺层7层左右。每一螺层的上部形成一狭窄的肩部。壳表面有发达的纵肋。纵肋在肩角和基部扭曲。体螺层壳表面黄白色，有光泽。体螺层的纵肋间有褐色或紫褐色云状斑或曲线。在纵肋上有横行的波状褐色花纹。外唇边缘加厚并有褐色斑。前沟又宽又短。

生态习性　栖息于低潮线至数米深的沙质海底。

地理分布　在我国，玲珑竖琴螺分布于台湾海域、南海。日本、菲律宾和夏威夷海域等也有分布。

经济价值　可食用，壳可加工成工艺品。

竖琴螺

学　　名　*Harpa harpa* (Linnaeus, 1758)

别　　名　蜀江螺

分类地位　新进腹足亚纲新腹足目竖琴螺科竖琴螺属

形态特征　壳卵状，表面肉色，有白色和褐色云状斑。螺层7层左右。缝合线不明显。螺旋部低小，呈锥状。体螺层膨大。在每一螺层的上方形成1个明显的肩部。壳表面有发达而排列较稀疏的粗纵肋。纵肋在体螺层有12～14条，并在肩角和体螺层的基部扭曲，在肩部形成小的角状凸起。外唇厚，内唇稍扭曲。无厣。

生态习性　栖息于低潮线以下泥沙质海底。

地理分布　我国福建、台湾、广东沿海有分布。

经济价值　可食用，壳可加工成工艺品。

金刚衲螺

学　　名	*Sydaphera spengleriana* (Deshayes, 1830)
分类地位	新进腹足亚纲新腹足目衲螺科悉尼衲螺属
形态特征	壳长卵状。整个壳表面有螺肋和纵肋；褐色或浅褐色，有紫褐色的斑块。

螺层8层左右。缝合线浅。每一螺层的上部形成肩角。螺旋部高。体螺层膨大。肩角上纵肋成为短的角状棘。外唇边缘有细齿状缺刻，内面有与壳表面螺肋相应的沟。内唇有3条褶襞。前沟短。

生态习性	栖息于低潮线至水深20米的沙质海底。
地理分布	我国各海域均有分布。日本和菲律宾海域也有分布。
经济价值	可食用，壳可加工成工艺品。

白带三角口螺

学　　名　*Scalptia scalariformis* (Lamarck, 1822)

分类地位　新进腹足亚纲新腹足目衲螺科白带螺属

形态特征　壳高锥状。壳表面有粗大的纵肋；大部分区域黄褐色，底部灰白色。螺层7层左右。缝合线明显。每一螺层的上部形成1个台阶状的肩部，下半部较直。肩部灰白色。体螺层上纵肋通常有8~9条。体螺层的中部有1条明显的白色环带。壳口小。外唇内缘有8~10个小齿。内唇中部有3条发达的褶襞。脐孔明显。

生态习性　栖息于低潮线下水深2~3 m的泥沙质海底。

地理分布　在我国沿海广泛分布。日本海域也有分布。

经济价值　壳可加工成工艺品。

瓜螺

学　　名　*Melo melo* (Lightfoot, 1786)

别　　名　油螺

分类地位　新进腹足亚纲新腹足目涡螺科瓜螺属

形态特征　壳大，表面较光滑，橙黄色，有棕色斑块，被有薄的褐色壳皮。螺旋部小。体螺层膨大。壳口大，卵圆形。外唇薄，弧形。内唇扭曲，下部有4条强大的褶襞。前沟又短又宽，足大。无厣。

生态习性　栖息于水深数米的泥沙质海底。

地理分布　我国台湾、福建、广东沿海有分布。

经济价值　可食用，壳可加工成工艺品。

波纹塔螺

学　　名　*Turris crispa* (Lamarck, 1816)

分类地位　新进腹足亚纲新腹足目塔螺科塔螺属

形态特征　壳细长。壳表面有粗细不均的螺肋；黄白色，有许多大小不等的褐色斑。螺层在14层以上。螺旋部很高。每一螺层中部膨胀，两端稍收窄；有3～5条螺肋比较发达。生长线明显，呈波纹状。壳口狭长。外唇边缘呈锯齿状，接近后端的缺刻很深。内唇略直。前沟相当长。

生态习性　暖水种。栖息于浅海沙底质环境。

地理分布　是南海拖网常见种。日本和菲律宾海域也有分布。

经济价值　壳可加工成工艺品。

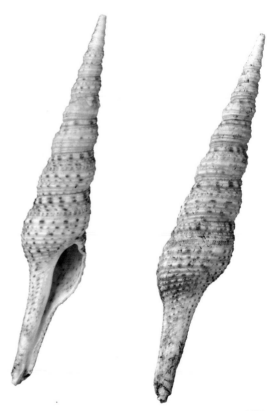

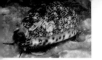

将军芋螺

学　　名　*Conus generalis* Linnaeus, 1767

分类地位　新进腹足亚纲新腹足目芋螺科芋螺属

形态特征　壳高而瘦，光滑。壳表面黄白色或灰白色，具有2条红褐色环带，上方1条宽大，在环带之间有点线状褐色斑纹。螺旋部尖端数层突出，其余各螺层低矮。体螺层上部宽大，向基部均匀收窄。体螺层基部有数条细弱的螺肋。缝合线明显。肩角与缝合线之间形成1条宽的弧形螺旋凹槽。

生态习性　暖水种。栖息于低潮线下至水深数米的珊瑚礁环境。

地理分布　广泛分布于印度-西太平洋；我国台湾海域、南海有分布。

经济价值　壳可收藏。

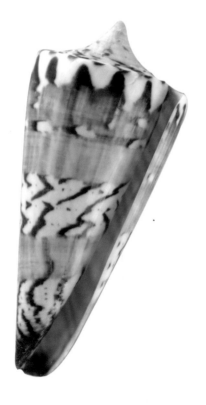

希伯来芋螺

学　　名　*Conus ebraeus* Linnaeus, 1758

分类地位　新进腹足亚纲新腹足目芋螺科芋螺属

形态特征　壳表面浅粉红色或灰白色，有黑紫色长方形斑块；被有黄色壳皮。螺旋部低，壳顶部常被腐蚀。缝合线明显。肩角上具有1列小的疣状凸起和数条丝状螺纹。体螺层上半部有细的螺沟，下半部有细的螺肋。壳口狭长。

生态习性　暖水种。栖息于潮间带的岩礁间。

地理分布　我国台湾海域、南海有分布。日本、马来群岛等海域也有分布。

经济价值　壳可收藏。

地纹芋螺

学　　名　*Conus geographus* Linnaeus, 1758

分类地位　新进腹足亚纲新腹足目芋螺科芋螺属

形态特征　螺旋部略高出体螺层。每一螺层缝合线的上方和体螺层的肩部有1列明显的结节状凸起。在体螺层肩部结节状凸起约有10个。壳表面浅肉色，有褐色网状花纹。在体螺层上部、中部、下部各有1条断续的紫褐色宽带。壳口狭长。

生态习性　暖水种。栖息于低潮线附近至水深数米的沙滩上或珊瑚礁环境。

地理分布　广泛分布于印度-西太平洋，我国南海有分布。

经济价值　壳可收藏。

斑疹芋螺

学　　名　*Conus pulicarius* Hwass in Bruguière, 1792

分类地位　新进腹足亚纲新腹足目芋螺科芋螺属

形态特征　壳卵状，厚而坚实。壳表面白色，有大小不一的褐色斑；外被黄色壳皮。壳顶稍高出体螺层。缝合线不明显。每一螺层的肩部有1列发达的结节状凸起。在缝合线和肩部之间有1条浅而宽的沟，在沟中通常刻有3条环行细纹。体螺层的基部有10余条细的螺沟。壳口狭长，内唇基部扭转形成1个褶襞。

生态习性　暖水种。栖息于中、低潮线至水深数米的沙滩上或珊瑚礁环境。

地理分布　我国台湾海域、南海有分布。

经济价值　壳可收藏。

中国常见海洋生物原色图典·**软体动物**

织锦芋螺

学　　名　*Conus textile* Linnaeus, 1758

分类地位　新进腹足亚纲新腹足目芋螺科芋螺属

形态特征　壳呈纺锤形。壳表面除在基部有10余条螺旋形沟纹外，其余部分均很光滑。壳表面灰白色，有褐色线纹以及覆鳞状花纹；被黄褐色壳皮。体螺层的中部和基部通常各有1条宽的褐色环带。螺层12层左右。螺旋部较高。缝合线浅。壳口狭长。外唇薄。内唇稍卷曲。

生态习性　暖水种。栖息于低潮线附近的岩礁环境。

地理分布　分布于印度-西太平洋，我国台湾海域、南海有分布。

经济价值　壳可收藏。

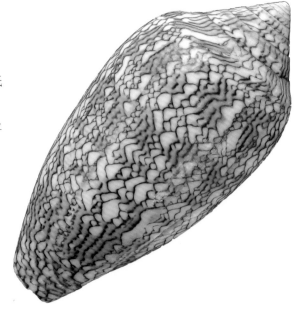

110

白带笋螺

学　名　*Duplicaria dussumierii* (Kiener, 1837)

分类地位　新进腹足亚纲新腹足目笋螺科双层螺属

形态特征　壳呈长尖锥状，有纵肋。壳表面浅黄褐色，在肋间呈现褐色或紫褐色。在体螺层中部有1条白色环带。螺层16层左右。在螺层上部有1条又浅又细的螺沟将壳面分为上、下2部分。各螺层上部的纵肋常较短小，下部纵肋发达，排列整齐。壳口狭小。外唇薄。内唇扭曲，前方形成数条褶襞。厣角质。

生态习性　栖息于低潮线附近至水深约10 m的沙和泥沙质海底。

地理分布　在我国沿海广泛分布。

经济价值　壳可加工成工艺品。

锥笋螺

学　名　*Terebra subulata* (Linnaeus, 1767)

分类地位　新进腹足亚纲新腹足目笋螺科笋螺属

形态特征　壳高，呈尖锥状。壳表面平滑，浅黄白色；螺旋部有2列、体螺层有3列近方形的紫褐色斑块。螺层19层左右。缝合线明显。每一螺层上方有1条不明显的螺沟，螺沟在基部数螺层消失。外唇薄。内唇前半部较直，后半部斜向左侧。

生态习性　栖息于低潮线附近至水深数米的沙滩上。

地理分布　广泛分布于印度–西太平洋热带水域，我国台湾海域、南海有分布。

经济价值　壳可加工成工艺品。

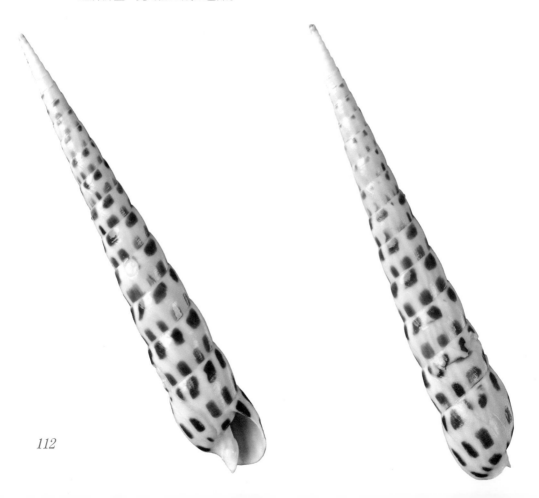

珍笋螺

学　名　*Terebra pretiosa* Reeve, 1842

分类地位　新进腹足亚纲新腹足目笋螺科笋螺属

形态特征　壳呈长锥状，有25个以上螺层。各螺层上方有3条螺肋，以第2条最发达；第1条与第2条有愈合之势，第2条与第3条之间以宽大的沟分开。在螺肋的下方有10余条细弱的环纹。整个壳面还有弧形的纵肋。壳口小。内唇弯曲。前沟向背方扭转。

生态习性　常栖息于百米以深的沙质海底。

地理分布　在我国，珍笋螺分布于南海。日本海域也有分布。

经济价值　壳可加工成工艺品。

四带枣螺

学　　名　*Bulla adamsi* Menke, 1850

分类地位　异鳃亚纲头楯目枣螺科枣螺属

形态特征　壳呈长卵状，厚而坚固。壳表面多呈褐色，有浅色斑和3～4条深褐色带。螺旋部卷入体螺层内，壳顶中央有1个圆形凹穴。壳口长，上部窄，下部扩张而加宽。内唇上有1层厚的石灰质。

生态习性　栖息于潮间带至浅海岩石、海藻或珊瑚礁环境。

地理分布　分布于印度–西太平洋暖水域，我国南海有分布。

经济价值　壳可加工成工艺品。

泥螺

学　名　*Bullacta caurina* (Benson, 1842)

别　名　吐铁、麦螺、梅螺

分类地位　异鳃亚纲头楯目长葡萄螺科泥螺属

形态特征　壳白色，卵状，又薄又脆。壳表面被褐色壳皮。无螺层及脐。壳口大，长度与壳长几乎相等。壳不能完全包裹软体部，后端和两侧分别被头盘的后叶片、外套膜侧叶及侧足的一部分所遮盖，只有壳的中央部分裸露。足发达。齿舌有1个中央齿，侧齿呈镰刀状。

生态习性　栖息于内湾潮间带泥沙滩。

地理分布　在我国沿海广泛分布。

经济价值　可食用。

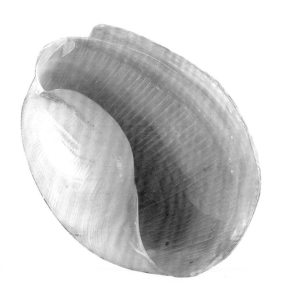

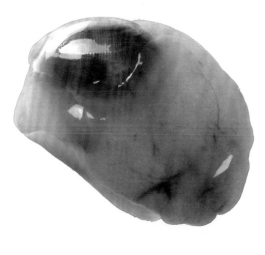

斑纹无壳侧鳃

学　　名　*Pleurobranchaea maculata* (Quoy & Gaimard，1832)

别　　名　蓝无壳侧鳃

分类地位　异鳃亚纲侧鳃目侧鳃科侧鳃属

形态特征　体呈长卵状，前部有扇状头幕，两侧向前方延伸成角状。体背面蓝黄色，有紫色的网状纹。头幕的基部有2个圆柱状嗅角。羽状鳃位于身体右侧的中部，并向后伸张。足肥大，位于腹面。交接凸起位于右侧鳃的前方，呈膨大的叶状，常突出于体外。

生态习性　栖息于潮间带及浅海泥沙底质环境，为温带常见种。

地理分布　分布于太平洋西部，我国渤海、黄海和东海有分布。

经济价值　可食用。

黑菊花螺

学　　名　*Siphonaria atra* Quoy & Gaimard, 1833

分类地位　异鳃亚纲菊花螺目菊花螺科菊花螺属

形态特征　壳低平，斗笠状，表面黑褐色。壳顶位于中央稍偏后方，常被腐蚀。自壳顶向四周的放射肋隆起，粗肋间还有细肋。肋的末端超出壳的边缘，致使壳的周缘参差不齐。壳内面黑褐色，有与壳表面放射肋相应的放射沟，沟内为白色。

生态习性　栖息于高潮区的岩石上。

地理分布　分布于西太平洋，我国东海、南海有分布。

经济价值　壳可加工成工艺品。

日本菊花螺

学　　名　*Siphonaria japonica* (Donovan, 1824)

分类地位　异鳃亚纲菊花螺目菊花螺科菊花螺属

形态特征　壳锥状，厚。壳表面黄褐色，有瓷质光泽。壳顶稍近中央。自壳顶向四周发出粗细不等的放射肋。壳内面黑褐色，有与壳表面放射肋相应的放射沟。

生态习性　栖息于潮间带高潮区，在岩石上吸附爬行，为高潮区的标志生物。

地理分布　在我国沿海广泛分布。

经济价值　壳可加工成工艺品。

石磺

学　名　*Peronia verruculata* (Cuvier, 1830)

分类地位　异鳃亚纲收眼目石磺科石磺属

形态特征　无壳。外套膜微隆起，覆盖整个身体。背部灰黄色，有许多凸起及分布稀疏且不均匀的背眼。背眼有11～20组，每组顶端具有1～4个眼点。肺腔退化，呼吸孔在身体后端外套膜的下面。背部后端长有一些树枝状鳃。足部长、大、肥厚，头部有触角。雌雄同体。

生态习性　栖息于潮间带高潮区岩石上。

地理分布　在我国，石磺分布于东海、南海。日本海域、印度洋也有分布。

经济价值　可食用。

掘足类

　　掘足类全分布于海洋。体两侧对称。头部不明显。触角不明显。触角叶上生有捕捉器官——头丝。因掘足类具有长圆锥状而稍弯曲的管状壳，故掘足类又称管壳类。其又因形如牛角，故名角贝，也被称为象牙贝。无鳃，呼吸作用由外套膜内表面进行。直肠也有呼吸作用。有颚片和齿舌。循环系统极退化。心脏位于直肠的背侧，仅有1个腔。心耳和肾围心腔均缺失，也无血管，仅有血窦。雌雄异体。发生期有营浮游生活的担轮幼虫和面盘幼虫阶段。神经系统有脑神经节、侧神经节、足神经节、脏神经节等。

　　掘足类广泛分布在全球各海洋中，自潮间带直至4 000 m的深处均有其踪影。目前已知的种类有200余种，大部分栖息于潮流不急的内湾或较深的海底，以居住在沙中者为多。生活时借前端伸出的足的活动，使身体埋藏在泥沙中，而后端约占壳长1/3的部位露出地面。多数掘足类以硅藻、双壳类的幼虫和原生动物特别是有孔虫为饵料。同时，它们本身也是底栖肉食性动物，如海星、鱼类、肉食性腹足类的饵料。

　　当前，我国共记载掘足类56种，其中，角贝44种，梭角贝12种（刘瑞玉，2008）。掘足类与人类直接的利害关系不大，没有显著的经济价值。大的角贝的壳可用作烟嘴或用于装饰；在古代也曾被人类当作货币用。

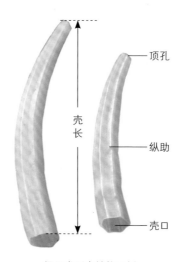

掘足类形态结构示例

大角贝

学　名　*Pictodentalium vernedei* (Hanley in G. B. Sowerby Ⅱ, 1860)

分类地位　角贝目角贝科绣花角贝属

形态特征　壳形似象牙。壳口圆形。壳口直径最大，向后逐渐变细。个体大，为角贝中个体最大的种。壳面黄白色，有褐色带，有细密的纵肋34～44条，后端腹面有1条较长的裂缝。

生态习性　栖息于低潮区至水深100余米的泥沙质海底，以20～30 m水深栖息较多。

地理分布　在我国，大角贝分布于东海、南海。日本海域也有分布。

经济价值　壳可加工成工艺品。

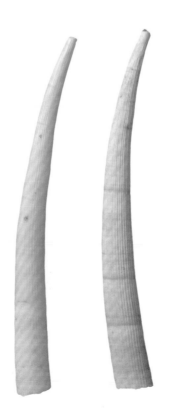

双壳类

    双壳类是软体动物中食用性经济价值最高的一个类群。我国四大传统养殖贝类——蛤仔、牡蛎、泥蚶、蛏子——均属于双壳类。双壳类体型左右扁平，两侧对称，有2片外套膜和2片壳。其身体由内脏块、足和外套膜3部分组成，头部退化，故又称无头类。壳的背缘以韧带相连，两壳间以闭壳肌相连，壳依靠它们的缩张作用开关。其外套腔发达，内有瓣状鳃，故也称瓣鳃类。足位于身体的腹侧，通常侧扁，呈斧状，所以其又被称为斧足类。这类动物消化系统中没有口球、齿舌、颚片和唾液腺。其心脏由一心室、二心耳构成，心室常被直肠穿过。

    双壳类分布很广，自热带直至南、北两极都有其踪迹。据估计，目前本类群约有30 000种，都营水生生活。海生种类占其中的4/5，其余的则栖息于江、河、湖泊中。

    据记载，我国现有双壳类1 132种（刘瑞玉，2008）。

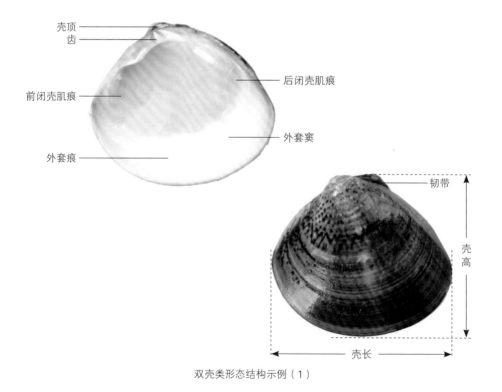

双壳类形态结构示例（1）

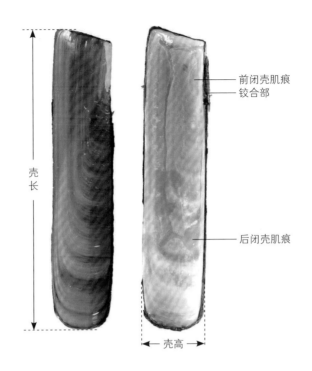

前闭壳肌痕
铰合部

后闭壳肌痕

壳长

壳高

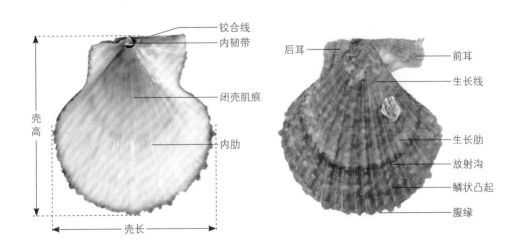

铰合线
内韧带

闭壳肌痕

内肋

壳高

壳长

后耳 前耳

生长线

生长肋

放射沟

鳞状凸起

腹缘

双壳类形态结构示例（2）

奇异指纹蛤

学　　名　*Acila divaricata* (Hinds, 1843)

分类地位　原鳃亚纲胡桃蛤目胡桃蛤科指纹蛤属

形态特征　壳前缘圆弧形，后端截形。壳表面绿褐色，布满自壳顶向两侧放射出的细密的"人"字形肋。壳顶向后方有1条宽而隆起的龙骨。铰合齿为列齿型。

生态习性　栖息于水深数十米至200 m的泥沙质海底。

地理分布　我国黄海、渤海、东海有分布。日本海域也有分布。

经济价值　可食用，壳可收藏。

舟蚶

学　　名　*Arca navicularis* Bruguière, 1789

分类地位　本鳃亚纲蚶目蚶科蚶属

形态特征　壳近似长方形，厚而坚实。背缘直，与腹缘平行。两壳闭合时呈舟状。壳表面黄白色，有紫红色花纹。韧带面宽而平，有许多菱形沟。放射肋粗壮，有结节。有足丝孔。壳内面紫色。铰合部狭长。齿细密。

生态习性　用足丝附着栖息于潮间带至浅海的岩礁环境。

地理分布　分布于印度洋和太平洋，我国南海有分布。

经济价值　可食用。

布氏蚶

学　　名　*Tetrarca boucardi* (Jousseaume, 1894)

别　　名　牛蹄蛤

分类地位　本鳃亚纲蚶目蚶科方蚶属

形态特征　壳呈舟形或牛蹄状，厚而坚实，中部膨胀，至腹缘急剧收缩。壳表面白色，被棕色壳皮。壳皮看起来毛茸茸的。壳顶突出，向内卷曲。由壳顶至后腹端有隆起脊。韧带面宽大，菱形，略凹。放射肋细密。生长线明显。壳内面白色或浅紫色。铰合部直而长。

生态习性　栖息于潮间带至浅海，以足丝附着于他物上。

地理分布　我国沿海有分布。日本、朝鲜半岛海域也有分布。

经济价值　可食用。

半扭蛤

学　　名　*Trisidos semitorta* (Lamarck，1819)

分类地位　本鳃亚纲蚶目蚶科扭蚶属

形态特征　壳近长方形，半扭曲。左壳比右壳大。壳表面有粗细不均的放射纹，黄白色，被棕色壳皮。壳皮看起来毛茸茸的。左壳前方窄且边缘呈圆弧形，后方宽而扩张成翼状。从壳顶至后腹缘有1条隆起脊。韧带面狭长。生长线略呈片状。壳内面黄白色。铰合部中间狭窄，齿不明显；铰合部前、后两端宽大，齿低斜。

生态习性　栖息于浅海泥或珊瑚礁底质环境。

地理分布　分布于印度–西太平洋，我国台湾以南沿海有分布。

经济价值　可食用。

魁蚶

学　　名　*Anadara broughtonii* (Schrenck, 1867)

别　　名　大毛蛤、赤贝、血贝、瓦垄子

分类地位　本鳃亚纲蚶目蚶科粗饰蚶属

形态特征　壳大，斜卵圆形，厚而坚实。两壳几乎等大。壳表面极凸，背缘直；白色，被褐色壳皮。壳皮看起来毛茸茸的。两侧呈钝角，前端及腹面边缘呈圆弧形，后端延伸。放射肋42～48条，无明显结节。壳内面灰白色，边缘有齿。铰合部直，铰合齿约70个。

生态习性　栖息于潮间带至浅海的软泥或泥沙底质环境。

地理分布　在我国，魁蚶分布于渤海、黄海、东海。日本海域也有分布。

经济价值　可食用。

毛蚶

学　名　*Anadara kagoshimensis*
(Tokunaga，1906)

分类地位　本鳃亚纲蚶目蚶科粗饰蚶属

形态特征　壳中等大小，呈长卵圆形，厚而坚实。左壳稍大于右壳。壳表面白色，被有褐色壳皮。壳皮看起来毛茸茸的。腹缘前端呈圆弧形，后端稍延长。放射肋35条左右，肋上有小结节。生长线在腹侧极明显。壳内面白色，边缘有齿。前闭壳肌痕略呈马蹄形，后闭壳肌痕近卵圆形。铰合部直，齿细密。

生态习性　栖息于浅海泥沙底质环境。

地理分布　我国沿海有分布。日本、朝鲜半岛沿海也有分布。

经济价值　可食用。

泥蚶

学　　名	*Tegillarca granosa* (Linnaeus, 1758)

别　　名　粒蚶、血蚶

分类地位　本鳃亚纲蚶目蚶科泥蚶属

形态特征　壳卵圆形，厚而坚实，两壳等大。壳表面白色，被褐色壳皮。韧带面宽，呈菱形。放射肋粗壮，18～22条，肋上有明显的结节。壳内面灰白色，边缘有齿。铰合部直，齿细密。

生态习性　栖息于潮间带至浅海的软泥或泥沙底质环境，并常出现于河口附近。

地理分布　广泛分布于印度洋和太平洋，我国南北沿海均有分布。

经济价值　可食用。

结蚶

学　　名　*Tegillarca nodifera* (Martens, 1860)

分类地位　本鳃亚纲蚶目蚶科泥蚶属

形态特征　壳稍长，呈长卵圆形。壳表面被褐色壳皮。韧带面窄，梭形。放射肋较窄，20条左右，有结节，前、后端的放射肋宽小于肋间沟宽。壳内面灰白色，边缘有齿。铰合齿细密，约50个。

生态习性　栖息于潮间带至数米深的软泥或泥沙质海底。

地理分布　我国浙江、福建、台湾、广东沿海有分布。菲律宾、泰国、马来西亚、越南沿海也有分布。

经济价值　可食用。

粒唇帽蚶

学　名　*Cucullaea labiata* (Lightfoot, 1786)

分类地位　本鳃亚纲蚶目帽蚶科帽蚶属

形态特征　壳大，略呈斜四方形。左壳大于右壳。壳膨胀，表面被棕褐色壳皮。壳皮看起来毛茸茸的。韧带面棱形，倾斜。自壳顶斜向腹缘后端有隆起脊。壳表面具有比较密集而细的肋及明显的同心生长轮脉，两者纵横交叉，形成许多小的粒状凸起。壳内面灰白色。铰合齿中央的细小；前、后端的较大，呈三角形或片状，与背缘平行排列。自壳顶至后闭壳肌腹缘有1个片状的隔板。

生态习性　栖息于浅海泥沙底质环境。

地理分布　在我国，粒唇帽蚶分布于福建、广东沿海。日本沿海也有分布。

经济价值　可食用。

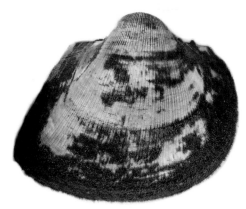

虾夷魁蛤

学　名　*Glycymeris yessoensis* (G. B. Sowerby Ⅲ, 1889)

分类地位　本鳃亚纲蚶目蚶蜊科蚶蜊属

形态特征　壳呈椭圆形，厚。壳顶尖而突出，位于背部中间。壳的前、后部几乎对称。壳表面灰白色，有棕褐色纹。放射肋低，肋间沟宽，沟内有生长纹形成的横隔。壳内面灰白色，内缘有齿状缺刻。

生态习性　冷水种。栖息于浅海泥沙底质环境。

地理分布　在我国，虾夷魁蛤自然分布于渤海、北黄海。朝鲜半岛和日本北部海域也有分布。

经济价值　可食用。

紫贻贝

学　　名　*Mytilus galloprovincialis* Lamarck, 1819

别　　名　海虹

分类地位　本鳃亚纲贻贝目贻贝科贻贝属

形态特征　壳呈楔形，前端尖细，后端宽且边缘呈圆弧形。壳表面黑褐色。壳顶近壳的最前端。生长线细而明显。壳内面灰白色而边缘为蓝色。铰合部较长。韧带深褐色，约与铰合部等长。铰合齿不发达。外套痕及闭壳肌痕明显。外套膜为二孔型。

生态习性　用足丝附着生活。栖息于低潮线附近至水深约10 m的浅海。

地理分布　大西洋与太平洋沿岸均有分布。在我国，紫贻贝自然分布于渤海、黄海。

经济价值　可食用。

厚壳贻贝

学　名　*Mytilus unguiculatus* Valenciennes, 1858

分类地位　本鳃亚纲贻贝目贻贝科贻贝属

形态特征　壳大，厚，呈楔形。壳皮厚，黑褐色，边缘向内卷曲成1条镶边。壳顶位于壳的最前端，稍向腹面弯曲。背缘与后腹缘相接处呈钝角。铰合齿小。壳内面紫褐色或灰白色，有珍珠光泽。前闭壳肌痕明显，位于壳顶后方。

生态习性　以足丝附着生活。栖息于低潮线以下至水深约20 m的浅海。

地理分布　在我国，厚壳贻贝分布于渤海、黄海、东海。日本、朝鲜半岛海域也有分布。

经济价值　可食用。

翡翠股贻贝

学　　名　*Perna viridis* (Linnaeus, 1758)

别　　名　翡翠贻贝

分类地位　本鳃亚纲贻贝目贻贝科股贻贝属

形态特征　壳薄，表面光滑，通常为翠绿色或绿褐色。壳顶尖，位于壳的最前端。后端宽且边缘呈圆弧形。壳表面前段具有隆起肋。生长线细密。壳内面呈白色。无前闭壳肌痕。后闭壳肌痕及外套痕明显。左壳铰合齿2个，右壳铰合齿1个。

生态习性　为热带和亚热带种。足丝发达，营附着生活。多栖息于水流通畅的岩石上，从低潮线附近至水深20 m左右均有分布。

地理分布　在我国，翡翠股贻贝分布于福建连江以南海域。

经济价值　可食用。

凸壳肌蛤

学　　名　*Musculista senhousia* (Benson, 1842)

分类地位　本鳃亚纲贻贝目贻贝科肌蛤属

形态特征　壳小，又薄又脆，略呈三角形。壳表面有黄褐色或浅绿褐色壳皮，有褐色或浅紫色的放射线和波状纹。壳顶近前端。腹缘较直。自壳顶至前腹缘有数条细的放射肋，自壳顶至后端腹缘有1条隆起肋。生长线致密。壳内面灰白色，有珍珠光泽。闭壳肌痕一般不明显。

生态习性　用足丝附着在潮间带至水深约20 m的泥沙质海底，常成群栖息。

地理分布　分布于我国大陆沿海。

经济价值　为对虾和家禽的良好饵料。

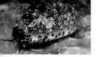

光石蛏

学　　名　*Lithophaga teres* (Philippi, 1846)

分类地位　本鳃亚纲贻贝目贻贝科石蛏属

形态特征　壳薄，细长。两壳等大。壳表面平滑，有光泽，深棕色或栗色，角质层薄。壳顶偏于背缘，略呈螺旋状，常磨损，白色。自壳顶斜向壳腹缘末端有许多垂直于生长线的纵肋。无放射肋。生长线细密。壳内面灰蓝色，有珍珠光泽。闭壳肌痕明显。铰合部无齿。

生态习性　暖水种。主要栖息于低潮线附近至水深120 m以内的浅海，常穴居于石灰石、贝壳及珊瑚礁环境。

地理分布　我国南海有分布。

经济价值　可食用。

菲律宾偏顶蛤

学　　名　*Modiolus philippinarum* (Hanley, 1843)

分类地位　本鳃亚纲贻贝目贻贝科偏顶蛤属

形态特征　壳大，略呈三角形。壳表面具有褐色的壳皮。壳顶偏前，但不位于壳的最前端。腹缘中部略凹，背缘呈弧形。自壳顶至后端有1条明显的隆起肋。生长线细密。闭壳肌痕较明显。铰合部无齿。

生态习性　以足丝附着在低潮线以下的泥沙滩上生活。

地理分布　广泛分布于印度–西太平洋热带水域，我国南海有分布。

经济价值　可食用。

麦氏偏顶蛤

学　　名　*Modiolus modulaides* (Röding, 1798)

分类地位　本鳃亚纲贻贝目贻贝科偏顶蛤属

形态特征　壳薄，中等大小，近似三角形。两壳等大。壳表面极凸，被有黄褐色角质壳皮。壳顶偏于壳背缘，壳前、后端较窄且边缘呈圆弧形。自壳顶至后缘有1条隆肋将壳表面分为两部分：隆肋背面有细长的黄毛；腹面光滑无毛。生长线细密。壳内面灰白色。韧带细长，下方有1个脊突。闭壳肌痕和足丝孔均不明显。铰合部无齿。

生态习性　有群栖习性，多半埋于低潮线至潮下带的泥沙中，以足丝相互附着在一起。

地理分布　在我国沿海广泛分布。

经济价值　可食用。

黑荞麦蛤

学　名　*Xenostrobus atratus* (Lischke, 1871)

分类地位　本鳃亚纲贻贝目贻贝科荞麦蛤属

形态特征　壳坚实，较小，近似三角形，表面黑色。壳顶凸，近前端，但不位于壳的最前端。壳腹缘多弯入；背缘前半部分较直，后半部分近似弧形。壳前部及中部膨胀。生长线细密而明显。壳内面蓝色，略带珍珠光泽。闭壳肌痕不明显。足丝孔略明显。铰合部无齿。

生态习性　广温性种。有群栖习性。以发达的足丝附着在潮间带中上区的岩石或缝隙中生活。

地理分布　分布于印度-西太平洋，我国南海潮间带有分布。

经济价值　可作为饲料。

栉江珧

学　　名　*Atrina pectinata* (Linnaeus, 1767)

别　　名　带子

分类地位　本鳃亚纲牡蛎目江珧科江珧属

形态特征　壳大，近似扇形或三角形。壳表面青褐色。壳顶尖细。背缘直或略凹。腹缘前半部分略直，后半部分近似圆弧形。韧带发达。放射肋10余条。肋上具有三角形略斜向后方的棘状凸起，此棘状凸起在背缘最后1行多变成强大的锯齿状。壳内面有珍珠光泽。后闭壳肌痕位于壳中部。

生态习性　以足丝附着生活。栖息于低潮线以下至水深20 m的泥沙质海底。

地理分布　广泛分布于印度洋和太平洋，我国沿海有分布。

经济价值　可食用。

马氏珠母贝

学　　名　*Pinctada imbricata* Röding, 1798

别　　名　合浦珠母贝

分类地位　本鳃亚纲牡蛎目珠母贝科珠母贝属

形态特征　壳略呈正方形。左壳凸，右壳较平。壳表面浅黄褐色，常有数条黑褐色放射线。壳顶位于前方。前、后耳较明显。右壳前耳下方有1个明显的足丝凹。同心生长线细密。壳内面珍珠层厚，边缘无珍珠层。闭壳肌痕位于壳的中部。铰合部直，有齿。韧带细长。

生态习性　附着于自低潮线附近到水深约10 m的泥沙、岩礁或石砾较多的海底。

地理分布　在我国，马氏珠母贝分布于东海、南海。日本海域也有分布。

经济价值　可用以培育珍珠。

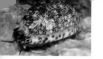

大珠母贝

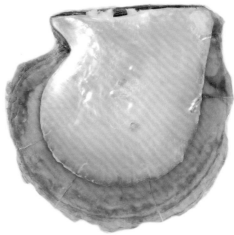

学　　名　*Pinctada maxima* (Jameson, 1901)

别　　名　白蝶贝

分类地位　本鳃亚纲牡蛎目珠母贝科珠母贝属

形态特征　壳大，扁平，近似圆形，厚而坚实。壳面黄褐色。前耳小、后耳不明显。成体没有足丝。壳内面有珍珠光泽；边缘金黄色或银白色；珍珠层厚，为银白色。

生态习性　栖息于海流通畅的潮下带水深5～100 m的沙或石砾底质环境。

地理分布　在我国，大珠母贝分布于台湾海域、南海。澳大利亚和马来群岛等海域也有分布。

经济价值　可用以培育珍珠。

保护级别　被《国家重点保护野生动物名录》列为国家二级重点保护野生动物。

企鹅珍珠贝

学　　名　*Pteria penguin* (Röding, 1798)

分类地位　本鳃亚纲牡蛎目珍珠贝科珍珠贝属

形态特征　壳大，壳形呈倾斜状。左壳平，右壳较凸。壳表面黑色。壳顶偏向前方。前耳小，后耳长。鳞片极细密。铰合部直，有齿。壳内面珍珠层有黑色珍珠光泽。闭壳肌痕大，略呈圆形，位于体中部。足丝较发达。

生态习性　栖息于潮下带至较深的海域，营附着生活。

地理分布　在我国，企鹅珍珠贝多分布于南海。日本、印度尼西亚、澳大利亚和马达加斯加岛海域也有分布。

经济价值　可用以培育珍珠。

短翼珍珠贝

学　　名　*Pteria heteroptera* (Lamarck, 1819)

分类地位　本鳃亚纲牡蛎目珍珠贝科珍珠贝属

形态特征　壳中等大小，形如飞燕。壳表面呈黄褐色或黑褐色。前耳小，鸟嘴状。后耳长。壳顶偏前端。壳内面边缘褐色；其余区域银褐色，有珍珠光泽。铰合部又直又长。主齿和后侧齿退化，仅留有痕迹。

生态习性　附着于柳珊瑚及水螅等动物上。

地理分布　在我国，短翼珍珠贝分布于东海、南海。日本、东南亚和印度东部诸岛海域也有分布。

经济价值　可用以培育珍珠。

白丁蛎

学　　名　*Malleus albus* Lamarck, 1819

分类地位　本鳃亚纲牡蛎目丁蛎科丁蛎属

形态特征　壳呈"丁"字形，多变：有正"丁"字形，歪"丁"字形，也有半歪"丁"字形。壳表面多数呈乳白色，少数为褐色，也有介于乳白色和褐色之间者。壳内面珍珠质部较小。闭壳肌痕呈长椭圆形。铰合部只有1条韧带沟。有足丝。

生态习性　暖水种。以足丝附着在浅海沙滩的碎沙石上。

地理分布　分布于印度–西太平洋。在我国，白丁蛎分布于广东、广西沿海。

经济价值　壳可收藏。

长肋日月贝

学　　名　*Amusium pleuronectes* (Linnaeus, 1758)

分类地位　本鳃亚纲扇贝目扇贝科日月贝属

形态特征　壳近似圆形，两壳等大。前、后耳小，大小相等。左、右两壳表面光滑。左壳表面肉红色，有光泽，具有细的深褐色放射线，同心生长线细；壳顶部有花纹。右壳表面白色，同心生长线比左壳的更细。左壳内面略微发紫，带银灰色。右壳内面白色。放射肋较长，共24～29条。

生态习性　栖息于水深5 m至80余米沙质海底。

地理分布　分布于印度–太平洋，我国南海有分布。

经济价值　可食用，壳可加工成工艺品。

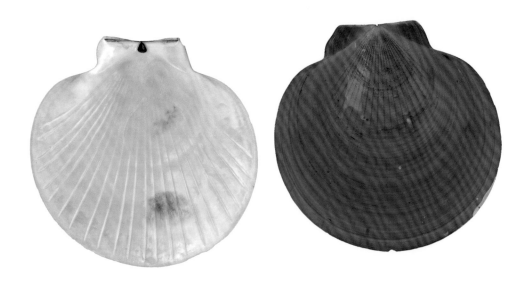

栉孔扇贝

学　　名　*Azumapecten farreri* (Jones & Preston, 1904)

别　　名　海扇、干贝蛤

分类地位　本鳃亚纲扇贝目扇贝科栉孔扇贝属

形态特征　壳圆扇形。壳高略大于壳长。右壳较平，左壳略凸。壳表面浅褐色、紫褐色、橙黄色、红色或灰白色。前耳大于后耳。壳顶位于中部。左壳约有10条粗肋。右壳有20余条较粗的肋。两壳肋均有不规则的生长棘。铰合部直。外韧带薄，内韧带发达。足丝孔位于右壳前耳腹面，并具有6～10个细栉状齿。

生态习性　栖息于低潮线至水深60余米的海底。以足丝附着在岩石或贝壳上。

地理分布　在我国，栉孔扇贝分布于渤海、黄海。朝鲜半岛、日本海域也有分布。

经济价值　可食用，壳可加工成工艺品。

华贵类栉孔扇贝

学　　名　*Mimachlamys nobilis* (Reeve, 1853)

分类地位　本鳃亚纲扇贝目扇贝科类栉孔扇贝属

形态特征　左壳较凸，右壳较平。壳呈红色、橙色、紫色或黄色，有的具有花斑。壳表面有23～24条等粗的放射肋。肋上有翘起的小鳞片。前耳大于后耳。足丝孔明显，有细栉齿。壳内面有与壳表面相对应的肋和沟。闭壳肌痕位置靠近壳中央，稍偏向后背部。铰合线直。

生态习性　暖水种。自低潮线附近至水深约300 m的海底都有发现。以足丝附着于水流通畅的岩石或珊瑚礁上。

地理分布　我国东南沿海有分布。日本沿海也有分布。

经济价值　可食用，壳可加工成工艺品。

荣套扇贝

学　　名　*Gloripallium pallium* (Linnaeus, 1758)

分类地位　本鳃亚纲扇贝目扇贝科荣套扇贝属

形态特征　壳近似圆形，表面多呈紫红色或紫褐色，有白色云状斑。壳顶常呈白色，有颜色较深的斑点。两壳均具有13～15条粗放射肋。壳内面周缘紫红色，其余区域白色。

生态习性　栖息于潮间带至水深约20 m的岩礁质海底。

地理分布　分布于印度–西太平洋热带水域，我国台湾海域有分布。

经济价值　可食用，壳可加工成工艺品。

海湾扇贝

学　　名	*Argopecten irradians* (Lamarck, 1819)

分类地位　本鳃亚纲扇贝目扇贝科海湾扇贝属

形态特征　两壳较凸，不等大。壳表面颜色多变，常呈黄褐色、紫红色、灰黑色等。壳顶位于中部。前耳大，后耳小。放射肋20条左右，肋较宽而高起，肋上无棘。生长线较明显。有浅的足丝孔，成体无足丝。

生态习性　雌雄同体。栖息于温度和盐度较高的浅海沙底质环境。生长速度较快。

地理分布　自然分布于美国东部海域，现已被引入我国。

经济价值　可食用。

虾夷盘扇贝

学　　名　*Patinopecten yessoensis* (Jay, 1857)

分类地位　本鳃亚纲扇贝目扇贝科盘扇贝属

形态特征　壳近似圆形。右壳较凸，黄白色。左壳稍平，较右壳稍小，紫褐色。壳顶位于中部。前、后耳大小相等。右壳的前耳有浅的足丝孔，壳表面有15~20条放射肋。右壳肋宽而低，肋间狭窄。左壳肋较细，肋间较宽。壳顶下方有三角形的内韧带。

生态习性　栖息于温度较低、盐度较高的浅海。

地理分布　自然分布于日本和朝鲜半岛海域；现已被引入我国，并已在北方进行人工养殖。

经济价值　可食用。

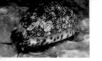

中国不等蛤

学　名　*Anomia chinensis* Philippi, 1849

分类地位　本鳃亚纲扇贝目不等蛤科不等蛤属

形态特征　壳近似圆形或椭圆形，又薄又脆。左壳大，较凸，生活时位于上方；右壳小，较平，生活时位于下方。左壳表面白色或金黄色。壳顶不突出，位于背缘中部。壳缘为圆弧形，常有不规则的波状弯曲。右壳近壳顶有1个卵圆形足丝孔。壳内面有珍珠光泽。铰合部狭窄，无齿。

生态习性　以足丝附着于潮间带至水深约20 m的岩礁上或牡蛎等的壳上。

地理分布　在我国，中国不等蛤分布于北部沿海。日本、朝鲜半岛和美国沿海均有分布。

经济价值　壳可收藏。

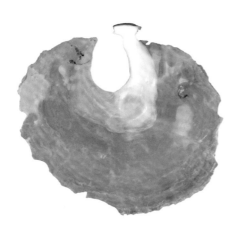

难解不等蛤

学　名　*Enigmonia aenigmatica* (Holten, 1802)

分类地位　本鳃亚纲扇贝目不等蛤科难解不等蛤属

形态特征　壳近似长椭圆形，薄，半透明。上壳比下壳略大。上壳两侧在壳顶前上方愈合，形成1条曲痕。壳表面紫铜色。壳顶偏前、稍凸。同心生长线细密。下壳银灰色。两侧在壳顶上方互相重叠，但不愈合。足丝孔卵圆形。足丝发达。

生态习性　以足丝附着于红树枝干的阴暗处，叶子下面较少；有时也附着于船上和其他物体上生活。

地理分布　在我国，难解不等蛤分布于南海。菲律宾海域也有分布。

经济价值　壳可收藏。

海月

学　　名　*Placuna placenta* (Linnaeus, 1758)

别　　名　罗贝、明瓦

分类地位　本鳃亚纲扇贝目海月蛤科海月蛤属

形态特征　壳圆形，极扁平，薄而透明。左壳较凸，右壳平。壳表面白色。放射肋及同心生长线都较细密，近腹缘的生长线略呈鳞片状。壳内面白色，有云母光泽。右壳有2个齿突，左壳相应部位形成2条凹陷。韧带位于铰合齿和凹陷上。

生态习性　暖水种。栖息于潮间带中、下区及浅海沙滩或泥沙滩。

地理分布　分布于印度–西太平洋，我国东南沿海有分布。

经济价值　可食用，壳可收藏。

棘刺牡蛎

学　　名　*Saccostrea kegaki* Torigoe & Inaba, 1981

分类地位　本鳃亚纲牡蛎目牡蛎科囊牡蛎属

形态特征　壳小，扁平，圆形或卵圆形。壳表面紫灰色，密生鳞片；有管状棘，棘的多少、强弱随个体不同及所处环境不同而变化。左壳平坦，常以整面固着在岩石上，有时在游离边缘也有棘刺。壳内面褐色，有珍珠光泽。铰合部前、后侧有数个小齿。

生态习性　附着于高潮区及中潮区岩石上。

地理分布　我国浙江舟山以南沿海有分布。

经济价值　可食用。

长牡蛎

| 学　　名 | *Crassostrea gigas* (Thunberg, 1793) |

学　　名　*Crassostrea gigas* (Thunberg, 1793)

别　　名　海蛎子

分类地位　本鳃亚纲牡蛎目牡蛎科巨牡蛎属

形态特征　壳表面浅黄色或褐色，密生鳞片。左壳凹陷，右壳有轻微的凸起。潮间带地区自然生长的长牡蛎壳小型，壳形状极不规则，有的为长型、有的近似三角形或圆形等。壳内面大部分为白色。闭壳肌痕为褐色或黄色，近似圆形。韧带槽长度随不同个体变化较大，壳顶腔较深。自然采苗养殖长牡蛎壳大型，壳形状比较规则，接近长型或长圆型。

生态习性　栖息于潮间带。

地理分布　我国长江以北沿海有分布。

经济价值　可食用。

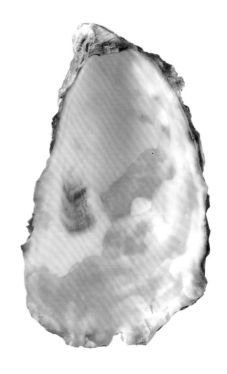

密鳞牡蛎

学　　名　*Ostrea denselamellosa* Lischke, 1869

分类地位　本鳃亚纲牡蛎目牡蛎科牡蛎属

形态特征　壳厚，扁平，近圆形。左壳稍大且凹陷；右壳较平且壳表面密生鳞片；这是本种的典型特征。壳表面灰色。壳内面近白色，布有青色斑块。闭壳肌痕椭圆形，位于中后端。铰合部较窄，韧带槽短小，三角形。

生态习性　分布于低潮线附近及潮下带，以左壳固着栖息于岩礁上。

地理分布　在我国沿海广泛分布。

经济价值　可食用。

多刺鸟蛤

学　　名	*Vepricardium multispinosum* (G. B. Sowerby Ⅱ, 1839)
分类地位	本鳃亚纲鸟蛤目鸟蛤科刺鸟蛤属

形态特征　壳膨胀，近似圆形。壳表面浅红色，后部色稍深。壳顶位于中部。壳腹缘圆弧形。放射肋强大，33～35条。肋上无任何片状凸起，有1列强大的半管状棘和一些不规则的小刺。

生态习性　栖息水深18～97 m。

地理分布　分布于印度-西太平洋。在我国，多刺鸟蛤分布于南海。

经济价值　可食用。

角糙鸟蛤

学　名　*Vasticardium angulatum* (Lamarck, 1819)

分类地位　本鳃亚纲鸟蛤目鸟蛤科巨鸟蛤属

形态特征　壳略呈长方形，厚而坚实。壳表面有放射肋约40条：前部15条肋上布满鳞片状凸起；后10条肋扁平，鳞片状凸起弱；中部的肋上无鳞片状凸起，肋的两侧有细的齿状刻纹。肋间沟窄而深。

生态习性　栖息于水深20 m以内的珊瑚礁间的沙滩。

地理分布　在我国，角糙鸟蛤分布于台湾海域、南海。日本、菲律宾和印度尼西亚海域也有分布。

经济价值　可食用。

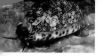

滑顶薄壳鸟蛤

学　　名　*Fulvia mutica* (Reeve, 1844)

别　　名　鸟贝

分类地位　本鳃亚纲鸟蛤目鸟蛤科薄壳鸟蛤属

形态特征　壳近似圆形，又薄又脆。壳长稍大于壳高。壳表面极凸，黄白色或略带黄褐色。壳顶位于背缘中部，突出，尖端微向前弯。放射肋46～49条，沿放射肋着生有褐色的毛。壳内面白色或肉红色。前闭壳肌痕较大，后闭壳肌痕小。韧带突出。左壳主齿2个，前后排列。右壳主齿2个，背腹排列。

生态习性　栖息于潮间带至水深数十米的浅海。

地理分布　在我国，滑顶薄壳鸟蛤分布于渤海、黄海。日本、朝鲜半岛海域也有分布。

经济价值　可食用。

心鸟蛤

学　名　*Corculum cardissa* (Linnaeus, 1758)

分类地位　本鳃亚纲鸟蛤目鸟蛤科心鸟蛤属

形态特征　壳较薄，心形。壳顶极尖，向内卷曲。自壳顶到腹缘的放射脊上有1列棘，将壳分为几乎相等的两部分：前部有肋间沟较浅的放射肋12条左右，后部也有12条放射肋。

生态习性　栖息于水深20 m以内的珊瑚礁质海底。

地理分布　分布于印度–西太平洋，我国台湾海域、南海有分布。

经济价值　壳可收藏。

同心蛤

学　　名　*Meiocardia vulgaris* (Reeve, 1845)

分类地位　本鳃亚纲帘蛤目同心蛤科同心蛤属

形态特征　壳薄，近似卵圆形或心形。两壳大小相等。壳表面黄白色，略有光泽。壳顶卷曲。外韧带棕红色。自壳顶发出1条直达后端的弓形龙骨。在龙骨前部有明显的同心形轮脉。背部生长线细密，平滑。壳内面白色。铰合部每壳有2个主齿。

生态习性　暖水种。栖息于浅海。

地理分布　我国南海有分布。

经济价值　壳可收藏。

砗蠔

学　　名　*Hippopus hippopus* (Linnaeus, 1758)

分类地位　本鳃亚纲鸟蛤目鸟蛤科砗蠔属

形态特征　壳厚重，略呈不等四边形。两壳等大。壳表面粗糙不平，呈黄白色，布有褐色或紫红色斑点；有粗细不等的放射肋多条，肋上有小鳞片或棘。壳顶靠前方。足丝孔狭窄。外韧带长。壳内面洁白，边缘黄色。铰合部狭长，左、右壳均有主齿和侧齿各1个。

生态习性　栖息于浅海珊瑚礁间的沙底质环境。

地理分布　分布于印度洋和太平洋，在我国西沙群岛海域分布较多。

经济价值　壳可加工成工艺品。

保护级别　被《国家重点保护野生动物名录》列为国家二级重点保护野生动物。

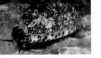
长砗磲

学　　名　*Tridacna maxima* (Röding, 1798)

分类地位　本鳃亚纲鸟蛤目鸟蛤科砗磲属

形态特征　壳呈长卵圆形，厚而坚实。腹缘呈弓形。壳表面有5～6条向前方斜行的强大的、具鳞片的放射肋，直达腹缘。放射肋之间有细纹。壳顶前方有长卵圆形的足丝孔。足丝孔周围有排列稀疏的齿状凸起。韧带长。壳内面白色，边缘呈浅黄色。铰合部长。右壳有1个主齿和2个并列的侧齿。左壳有1个主齿和1个后侧齿。

生态习性　栖息于浅海珊瑚礁底质环境。

地理分布　分布于印度–西太平洋，我国南海有分布。

经济价值　壳可加工成工艺品。

保护级别　被《国家重点保护野生动物名录》列为国家二级重点保护野生动物。

中国蛤蜊

学　名　*Mactra chinensis* Philippi, 1846

分类地位　本鳃亚纲帘蛤目蛤蜊科蛤蜊属

形态特征　壳较厚，长圆形。壳表面被黄色壳皮。壳顶位于背缘中部稍靠前。壳的前、后缘均略尖，腹缘弧形。小月面和楯面披针状。生长线不很规则，在接近腹缘、前缘和后缘处较粗，出现了浅的同心沟，故该种又被称为凹线蛤蜊。壳内面白色。前闭壳肌痕较大，呈桃形。后闭壳肌痕卵圆形。外套窦短。左壳铰合部有1个"人"字形主齿；前、后侧齿各1个，呈片状。右壳主齿"八"字形，前、后侧齿双齿形。内韧带黄色，位于壳顶下韧带槽内。

生态习性　营埋栖生活，主要栖息于潮间带中区的沙质环境中，栖息范围可延伸到水深60 m以内的浅海。

地理分布　在我国沿海广泛分布。朝鲜半岛和日本北部海域、俄罗斯远东地区沿海也有分布。

经济价值　可食用。

中国常见海洋生物原色图典·*软体动物*

四角蛤蜊

学　　名　*Mactra quadrangularis* Reeve, 1854

分类地位　本鳃亚纲帘蛤目蛤蜊科蛤蜊属

形态特征　壳略呈四边形，极膨胀。壳表面被薄的、浅黄色壳皮。壳顶前倾，突出，大致位于背缘中部。前端边缘圆弧形，后端边缘接近截形。生长线较粗糙。壳内面多数呈白色，有时呈紫色。外套窦宽而短。前、后闭壳肌痕明显。铰合部较宽。左壳铰合部有1个"人"字形主齿；前、后侧齿各1个，呈片状。右壳主齿"八"字形，前、后侧齿双齿形。

生态习性　随着生长，其栖息地由潮间带上区移到潮间带中区。

地理分布　在我国沿海广泛分布。朝鲜半岛、日本海域也有分布。

经济价值　可食用。

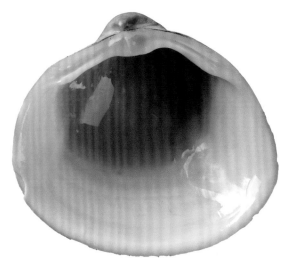

环纹坚石蛤

学　名　*Atactodea striata* (Gmelin, 1791)

分类地位　本鳃亚纲帘蛤目中带蛤科坚石蛤属

形态特征　壳小，近似三角形。壳表面被黄褐色壳皮。壳顶大致位于背缘中部。生长线粗糙，呈肋状凸起。无放射刻纹。壳内面乳白色，有光泽。铰合部宽。韧带在壳顶下方陷入1条很深的匙状槽。左、右壳各有1个主齿。外套痕清楚。外套窦浅。

生态习性　栖息于潮间带沙滩。

地理分布　广泛分布于印度洋和太平洋，我国南海有分布。

经济价值　可食用。

楔形斧蛤

学　　名　*Donax cuneatus* Linnaeus, 1758

分类地位　本鳃亚纲鸟蛤目斧蛤科斧蛤属

形态特征　壳前部长，前端略尖；后背缘直，后部壳表面有1个褶。壳表面中部、前部放射纹细密；后部放射纹较粗，同生长线相交处形成小结节。壳表面一般为白色，并有数条放射状褐色带。壳内面的外套窦可达壳的中部，其腹缘部分同外套线愈合。壳内缘无齿状缺刻。右壳铰合部有1个大主齿，前、后各有1个侧齿。左壳有2个主齿和1个微弱的后侧齿。韧带突出。

生态习性　暖水种。栖息于潮间带沙滩，借助于潮流波浪之力进行涨、落潮迁移。

地理分布　广泛分布于印度–西太平洋。在我国，楔形斧蛤分布于台湾海域、南海。

经济价值　可食用。

彩虹樱蛤

学　　名　*Iridona iridescens* (Benson, 1842)

分类地位　本鳃亚纲鸟蛤目樱蛤科彩虹樱蛤属

形态特征　壳表面白色或粉红色，有光泽。壳顶位于中部偏后，有放射脊。生长线细密，有放射状色带。壳内有2个主齿，仅右壳有弱小的侧齿。前闭壳肌痕卵圆形，后闭壳肌痕马蹄状。外套窦前端与前闭壳肌痕相接。韧带黄褐色。

生态习性　栖息于潮间带至浅海沙或泥沙底质环境。

地理分布　分布于印度–西太平洋，我国渤海、黄海、东海有分布。

经济价值　可食用。

异白樱蛤

学　　名　*Macoma incongrua* (Martens, 1865)

分类地位　本鳃亚纲鸟蛤目樱蛤科白樱蛤属

形态特征　壳近似卵圆形。壳表面白色，被棕黄色壳皮。壳顶位于壳中部略偏后方。生长线细密，至壳边缘略显粗糙。前闭壳肌痕比后闭壳肌痕大。左壳外套窦比右壳的宽大。铰合部窄。两壳各有2个主齿。韧带狭长。

生态习性　营埋栖生活。栖息于潮间带至水深约10 m的泥沙中。

地理分布　我国北部沿海有分布。俄罗斯、日本、朝鲜半岛、北美洲西岸海域及北冰洋也有分布。

经济价值　可食用。

盾弧樱蛤

学　　名　*Scutarcopagia scobinata*
(Linnaeus, 1758)

别　　名　锉弧樱蛤

分类地位　本鳃亚纲鸟蛤目樱蛤科盾弧樱蛤属

形态特征　壳较厚，侧扁，圆形。两壳不等大。壳表面白色，常伴有棕色纹。壳表面有翘起的鳞片。背、腹鳞片呈放射状排列。前、后鳞片呈同心状排列。小月面和楯面细长，呈披针状，两者均微下陷。壳内外套窦宽而长，末端尖，腹缘不与外套线愈合。铰合部主齿弱。右壳的侧齿发育良好。左壳侧齿不明显。

生态习性　暖水种。栖息于潮间带的粗颗粒和碎珊瑚底质环境中。

地理分布　广泛分布于印度–西太平洋。在我国，盾弧樱蛤分布于台湾海域、南海。

经济价值　可食用，壳可收藏。

叶樱蛤

学　名　*Phylloda foliacea* (Linnaeus, 1758)

分类地位　本鳃亚纲鸟蛤目樱蛤科叶樱蛤属

形态特征　壳扁，薄。壳表面浅棕色或浅黄色。壳前方边缘圆弧形，后端略呈截形。前、后端稍开口。自壳顶向后腹面有1条延伸的肋将壳分为前、后两部分：前部光滑，具有细密而稍突出的生长线；后部呈1个楔形平面，生长线由粒状凸起连接而成，表面粗糙。壳内面有光泽。前方近边缘有1个粗大的肋状凸起。铰合部狭窄，两壳各有2个主齿。

生态习性　栖息于潮间带至水深20 m的泥沙质海底。

地理分布　分布于印度洋–太平洋热带水域。我国南海有分布。

经济价值　可食用，壳可收藏。

细长樱蛤

学　　名　*Praetextellina praetexta* (Martens, 1865)

分类地位　本鳃亚纲鸟蛤目樱蛤科细长樱蛤属

形态特征　壳卵圆形，白色或红色。壳表面较粗糙，有深色年轮状同心纹。两壳外套窦形状相似，但不等大；右壳较短，左壳较长。

生态习性　细长白樱蛤栖息于潮间带至水深10～50 m的沙质海底。

地理分布　我国渤海、黄海、东海有分布。

经济价值　可食用，壳可收藏。

中国常见海洋生物原色图典·**软体动物**

粗异白樱蛤

学　　名　*Heteromacoma irus* (Hanley, 1845)

别　　名　烟台腹蛤

分类地位　本鳃亚纲鸟蛤目樱蛤科异白樱蛤属

形态特征　壳极厚重。两壳近乎等大。壳顶低平，前倾，位于背部近中间处。小月面深深内陷，左壳小月面比右壳的大些。壳表面的生长线粗糙。壳内外套窦深，其前端尖，背缘有隆起的峰，腹缘同外套线愈合。左、右两壳的外套窦形状相似，左壳的宽些。铰合部无侧齿。

生态习性　栖息于潮间带到水深**40 m**的粗沙和砾石质海底。

地理分布　在我国，粗异白樱蛤分布于渤海海峡、北黄海和山东半岛东端海域。日本北部和俄罗斯远东地区海域也有分布。

经济价值　可食用，壳可收藏。

中国紫蛤

学　名　*Sanguinolaria chinensis* (Mörch, 1835)

分类地位　本鳃亚纲鸟蛤目紫云蛤科紫蛤属

形态特征　壳较大，卵圆形。壳顶位于背缘中部。壳表面紫色，被薄的壳皮，在壳顶区壳皮常常脱落。从壳顶到腹缘有2条放射带。壳的前缘呈圆弧形，后缘略呈截形。前、后端开口，不能密闭。壳内面多呈深紫色，外套窦深，其腹缘与外套线愈合。前闭壳肌痕细长，后闭壳肌痕近似圆形。铰合部两壳各有2个主齿，无侧齿。

生态习性　栖息于潮间带沙中，潜入底质的深度为30～50 cm。

地理分布　在我国，中国紫蛤分布于福建、台湾海域和南海。印度尼西亚海域也有分布。

经济价值　可食用。

紫彩血蛤

学　　名　*Nuttallia obscurata* (Reeve, 1857)

别　　名　橄榄血蛤

分类地位　本鳃亚纲鸟蛤目紫云蛤科圆滨蛤属

形态特征　壳薄而扁，近似圆形或椭圆形。左壳凸，右壳平。壳表面被紫褐色、橄榄色或棕色壳皮，有光泽。韧带下有由壳背缘突出形成的脊状物。生长线细。无放射肋，但隐约可见几条放射状彩带。壳内面紫色。闭壳肌痕明显。外套窦深而大。铰合部狭窄。左、右壳各有2个主齿。

生态习性　营埋栖生活。栖息于中、下潮区的细沙内。

地理分布　在我国，紫彩血蛤分布于渤海、黄海。鄂霍次克海南部、日本和朝鲜半岛海域也有分布。

经济价值　可食用，壳可收藏。

截形紫云蛤

学　名　*Gari truncata* (Linnaeus, 1767)

分类地位　本鳃亚纲鸟蛤目紫云蛤科紫云蛤属

形态特征　壳表面黄褐色，有浅紫色或杏红色斑纹和多条放射状栗色带。两端开口。前缘圆弧形；后缘近截形，有棱角；腹缘平直。壳顶位于中部稍偏前。自壳顶至后腹有1条隆起脊。脊前部的生长线细密，并有斜行肋纹；脊的后部生长线较粗糙。壳内面白色，稍带浅紫色。前肌痕梨形，后肌痕桃形。外套窦深，舌状。铰合部有2个主齿。韧带突出。

生态习性　栖息于潮间带至浅海沙底质环境。

地理分布　分布于印度–西太平洋，我国台湾海域、南海有分布。

经济价值　可食用，壳可收藏。

对生朔蛤

学　　名　*Asaphis violascens* (Forsskål, 1775)

分类地位　本鳃亚纲鸟蛤目紫云蛤科朔蛤属

形态特征　壳厚，两壳等大。壳表面颜色有变化，后部多为紫色。放射线粗细不等。壳内面白色，后背部多为紫色。外套窦宽。前闭壳肌痕小。后闭壳肌痕大，肾脏形。两壳各有2个主齿，无侧齿。外韧带突出，紫褐色。

生态习性　栖息于潮间带的中、下区的砾石、粗沙及珊瑚沙中，潜入底质的深度为10～20 cm。

地理分布　分布于印度–西太平洋，我国台湾海域、南海有分布。

经济价值　可食用，壳可收藏。

总角截蛏

学　名　*Solecurtus divaricatus* (Lischke, 1869)

分类地位　本鳃亚纲鸟蛤目截蛏科截蛏属

形态特征　壳呈长方形。壳前、后端开口，不能密闭。壳顶低平，位于背部近中间。壳表面生长线较粗糙，有斜行线与其相交。在壳后部，斜行线延续形成粗糙的放射线。2条白色放射带从壳顶伸向腹缘。壳内面外套窦深而宽，其腹缘2/3的长度同外套线愈合。每壳铰合部有2个主齿，左壳的前主齿和右壳的后主齿大而突出。

生态习性　栖息于潮间带到水深20 m的浅海。

地理分布　分布于西太平洋，我国山东以南沿海有分布。

经济价值　可食用。

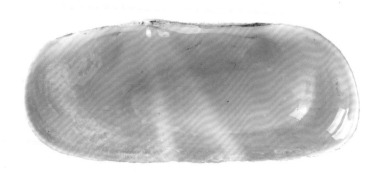

大竹蛏

学　　名　*Solen grandis* Dunker, 1862

分类地位　本鳃亚纲贫齿目竹蛏科竹蛏属

形态特征　壳较大，又薄又脆。两壳闭合，呈圆柱状；壳长为壳高的4~5倍。前、后端开口。壳表面被有光泽的黄色壳皮，有明显的同心生长线。壳顶不明显，位于最前端。壳的前缘为截形，后缘近似截形；背、腹缘直，二者平行。壳内面白色，并可看到深红色带，有的略带紫色。前闭壳肌痕细长，后闭壳肌痕近三角形。外套窦明显。铰合部弱。两壳各有1个齿，无侧齿。

生态习性　栖息于潮间带的中、下区到潮下带浅水区以沙为主的底质中。潜入沙的深度一般为30~40 cm。

地理分布　在我国沿海广泛分布。朝鲜半岛、日本、菲律宾、泰国、印度尼西亚海域也有分布。

经济价值　可食用。

缢蛏

学　　名　*Sinonovacula constricta* (Lamarck, 1818)

分类地位　本鳃亚纲贫齿目刀蛏科缢蛏属

形态特征　壳薄，呈长方形。壳表面被黄绿色壳皮。壳顶低平，位于背部前端1/4处。壳前缘呈圆弧形，后缘近截形，腹缘微内陷。生长线较粗糙。自壳顶到腹缘有1条斜的缢沟。壳内面白色。外套窦短，仅为壳长的1/3，腹缘部分同外套线愈合。右壳铰合部有2个齿。左壳有3个齿，中央者较大且顶端分叉。

生态习性　栖息于河口区有淡水注入的软泥中。

地理分布　在我国沿海广泛分布，日本、朝鲜半岛海域也有分布。

经济价值　可食用。

辐射荚蛏

学　　名　*Siliqua radiata* (Linnaeus, 1758)

分类地位　本鳃亚纲贫齿目刀蛏科荚蛏属

形态特征　壳呈长椭圆形。壳表面浅紫色，有4条白色带自壳顶射出。壳长约为壳高的2.5倍。壳顶位于靠前端的1/4处。背缘直，腹缘突出，两端边缘呈圆弧形。生长线清楚。

生态习性　热带种。栖息于浅海沙底质环境。

地理分布　我国南海有分布，印度洋也有分布。

经济价值　可食用。

雕刻球帘蛤

学　名　*Globivenus toreuma* (Gould, 1850)

分类地位　本鳃亚纲帘蛤目帘蛤科球帘蛤属

形态特征　壳厚重而膨胀，两壳闭合后近似球形。壳表面通常有4条放射状排列的褐色V形带。生长肋稀疏排列，肋间有细密的生长线。小月面深凹，呈心形。楯面狭长，呈长披针形。左壳有前侧齿。外套窦痕浅，三角形。壳缘有齿状凸起。

生态习性　栖息于潮间带下部至水深50 m左右的泥沙质海底。

地理分布　分布于印度–太平洋，我国南海有分布。

经济价值　可食用，壳可收藏。

对角蛤

学　　名　*Antigona lamellaris* Schumacher, 1817

分类地位　本鳃亚纲帘蛤目帘蛤科对角蛤属

形态特征　壳中等大小，厚而坚实。壳顶突出，前倾，位于背缘中部。生长肋发达，竖起，呈薄片状。放射肋低平，与生长肋交叉。小月面深凹，呈心形。楯面狭长，呈披针形。壳内面橙红色。左壳有1个前侧齿，小。外套窦尖三角形，很浅。

生态习性　栖息于水深30～50 m的泥或泥沙质海底。

地理分布　广泛分布于印度-太平洋，在我国南海有分布。

经济价值　可食用。

鳞杓拿蛤

学　　名　*Anomalodiscus squamosus* (Linnaeus, 1758)

分类地位　本鳃亚纲帘蛤目帘蛤科杓拿蛤属

形态特征　壳坚硬，膨胀，前部宽，后部狭长且延伸，呈勺状。壳表面棕黄色，粗大的放射肋与同心肋相交。楯面又宽又长，占据背后缘。壳内面白色。前闭壳肌痕卵圆形，后闭壳肌近似心形。内腹缘有齿状缺刻。外套窦痕很小，浅。韧带浅栗色。

生态习性　栖息于潮间带中潮区泥或泥沙质海底。

地理分布　广泛分布于印度–太平洋，在我国福建厦门以南沿海有分布。

经济价值　可食用。

美叶雪蛤

<table>
<tr><td>学　　名</td><td>*Placamen lamellatum* (Röding, 1798)</td></tr>
<tr><td>分类地位</td><td>本鳃亚纲帘蛤目帘蛤科雪蛤属</td></tr>
<tr><td>形态特征</td><td>壳中等大小。壳顶完全倾向前方，位于壳前部1/3处。前腹缘屈曲。同心肋片状，稀疏排列。小月面心形，周围内凹。楯面披针形，略下陷。壳内面白色。铰合部弓形。主齿3个，无前侧齿。</td></tr>
<tr><td>生态习性</td><td>栖息于潮间带至水深约80 m的泥沙质海底。</td></tr>
<tr><td>地理分布</td><td>分布于印度–西太平洋。</td></tr>
<tr><td>经济价值</td><td>可食用，壳可加工成工艺品。</td></tr>
</table>

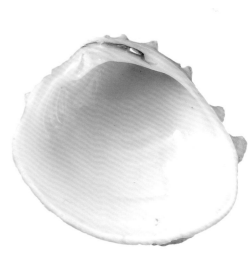

江户布目蛤

学　　名　*Leukoma jedoensis* (Lischke, 1874)

别　　名　麻蚬子

分类地位　本鳃亚纲帘蛤目帘蛤科布目蛤属

形态特征　壳坚实，略呈卵圆形，长略大于高。壳表面有许多粗的放射肋及生长线，两者交织成网状；灰褐色，常带着褐色斑点或条纹。小月面心形，楯面披针形。韧带铁锈色，不突出于壳表面。壳内面周缘具有细齿列。左、右壳各有3个主齿，两壳均无侧齿。

生态习性　营埋栖生活。栖息于潮间带上、中区有石砾的泥沙中，埋栖较浅。

地理分布　在我国，江户布目蛤分布于渤海、黄海。日本、朝鲜半岛海域也有分布。

经济价值　可食用。

射带镜蛤

学　名　*Dosinia troscheli* Lischke, 1873

分类地位　本鳃亚纲帘蛤目帘蛤科镜蛤属

形态特征　壳略呈圆形，长大于高。壳表面黄白色，有放射状彩带和同心生长线。生长线粗。壳背面前后倾斜度大。外套窦较深。壳顶突出，不大。小月面小，楯面不明显。韧带常下沉。左、右壳各有3个发达的主齿。左壳有1个前侧齿，后主齿长而斜。右壳后主齿有裂缝。

生态习性　栖息于潮下带水深10～30 m沙质海底。

地理分布　我国浙江以南各省沿海有分布。日本海域也有分布。

经济价值　可食用。

帆镜蛤

学　　名　*Dosinia histrio* (Gmelin, 1791)

分类地位　本鳃亚纲帘蛤目帘蛤科镜蛤属

形态特征　壳中等大小，略膨胀。壳表面有断续的深棕色放射带，带间杂有不规则的、颜色较浅的花纹。壳顶部分膨胀，位于壳中部偏前，倾向前方。小月面下陷，楯面周缘有棕色斑点。壳内面白色。外套窦痕深，三角形。铰合部较窄，其腹缘略弯曲，前侧齿小。

生态习性　栖息于潮间带至水深约40 m的泥沙质海底。

地理分布　广泛分布于印度–太平洋。在我国，帆镜蛤分布于福建厦门以南沿海。

经济价值　可食用。

菲律宾蛤仔

学　　名　*Ruditapes philippinarum* (Adam & Reeve, 1850)

分类地位　本鳃亚纲帘蛤目帘蛤科蛤仔属

形态特征　壳卵圆形，较薄。壳表面细密的放射线与生长线相交成网状，花纹变化极大。壳顶稍突出，前端尖细，略向前弯曲。由壳顶到壳前端的距离约等于壳全长的1/3。壳内面多为灰白色或者浅黄色。铰合部较长，其腹缘略弯曲。外套窦肌痕浅。出、入水管有一部分愈合，出水管在末端分叉。

生态习性　栖息于潮间带至水深约20 m的泥沙质海底。

地理分布　广泛分布于印度–西太平洋，我国沿海有分布。

经济价值　可食用。

和蔼巴非蛤

学　　名　*Paphia amabilis* (Philippi, 1847)

分类地位　本鳃亚纲帘蛤目帘蛤科巴非蛤属

形态特征　壳厚重，呈长卵圆形。壳顶略尖，偏向前方。有规则的生长肋，肋间沟深。外套窦痕浅，前端圆钝。

生态习性　暖水种。栖息于水深10～70 m的沙质海底。

地理分布　分布于西太平洋，我国浙江以南沿海有分布。

经济价值　可食用。

等边浅蛤

学　　名　*Macridiscus multifarius* Kong, Matsukuma & Lutaenko, 2012

分类地位　本鳃亚纲帘蛤目帘蛤科浅蛤属

形态特征　壳呈三角形，厚而坚实。壳顶位于中部。前、后缘相交成约90°的角。同心肋前、后部明显；中部趋于模糊，甚至光滑。壳内面白色。外套窦痕指状，深。铰合部三角形。主齿3个，较发达，无侧齿。

生态习性　栖息于潮间带的泥沙或沙质海底。

地理分布　广泛分布于西太平洋。在我国，等边浅蛤分布于浙江以北沿海。

经济价值　可食用。

棕带仙女蛤

学　名　*Callista erycina* (Linnaeus, 1758)

分类地位　本鳃亚纲帘蛤目帘蛤科仙女蛤属

形态特征　壳厚而坚实。壳表面浅黄色，被极薄的黄褐色壳皮。由壳顶直达腹缘有2条宽的棕褐色带及浅棕色的线纹。壳前缘圆弧形，微向上翘起；后端稍尖；腹缘圆弧形。小月面长心形，楯面狭窄。韧带棕黄色。生长轮脉形成粗而宽的肋，肋间形成较深的沟。壳内面白色，后部及腹缘浅紫色。两壳均有3个主齿。外套痕明显。外套窦深。

生态习性　营埋栖生活，在潮间带低潮线的沙滩和浅海沙底质中可采到。

地理分布　分布于印度−太平洋，我国南海有分布。

经济价值　可食用。

文蛤

学　　名　*Meretrix meretrix* (Linnaeus, 1758)

分类地位　本鳃亚纲帘蛤目帘蛤科文蛤属

形态特征　壳厚而坚实。壳表面光滑，被1层薄薄的角质层；有棕黄色的环带或锯齿状线纹，花纹变化很大。前缘圆弧形，后端稍尖，壳顶区大，腹缘光滑。小月面卵圆形，界限不甚清晰，小月面中线向左弯曲。楯面不清楚。韧带棕黄色，凸起。壳内面白色，后缘褐色。闭壳肌痕和外套痕清楚。前、后闭壳肌痕椭圆形，大小大致相等。外套窦半圆形，与外套痕形成1个突出的尖角。铰合板大。左壳3个主齿分散排列，发达；有1个发达的前侧齿。右壳有3个主齿，2个前侧齿形成1个齿窝。韧带脊有细齿。

生态习性　栖息于潮间带至浅海细沙底质环境。

地理分布　我国南海有分布。菲律宾海域和印度洋也有分布。

经济价值　可食用。

紫石房蛤

学　　名　*Saxidomus purpurata* (Sowerby Ⅱ, 1852)

分类地位　本鳃亚纲帘蛤目帘蛤科石房蛤属

形态特征　壳大，膨胀。壳表面棕黑色或黑灰色。壳顶较平，位于中部稍靠前方。壳前端圆钝；腹缘长，弧度小，略显平直。同心生长线在幼体时较平，成体生长线逐渐增高。韧带褐色，粗大。成体壳内面紫色，外套窦痕较深。

生态习性　栖息于水深4～20 m的粗沙、砾石质海底。

地理分布　在我国，紫石房蛤分布于辽宁、山东沿海。俄罗斯、日本、朝鲜半岛海域也有分布。

经济价值　可食用。

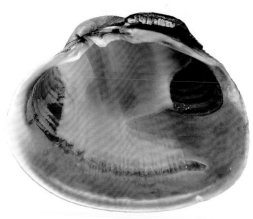

青蛤

学　　名　*Cyclina sinensis* (Gmelin, 1791)

分类地位　本鳃亚纲帘蛤目帘蛤科青蛤属

形态特征　壳近似圆形，较厚，膨胀。壳表面被黄色壳皮。壳顶小，位于中部，顶尖向内弯曲。腹缘与前、后缘均呈圆弧形。同心肋不规则。有很细弱的放射肋。壳内面白色。铰合部宽，前部较短，后部很长。3个主齿在铰合部仅占很小的位置。无侧齿。腹缘内侧具有细齿状缺刻。

生态习性　栖息于潮间带泥沙质海底。

地理分布　广泛分布于西太平洋，我国沿海有分布。

经济价值　可食用。

砂海螂

学　　名　*Mya arenaria* Linnaeus, 1758

分类地位　本鳃亚纲海螂目海螂科海螂属

形态特征　壳长卵状。两壳关闭时，前、后均有开口。壳表面被黄色或黄褐色壳皮，粗糙。两壳壳顶紧接。左壳壳顶内面有1个向右壳壳顶下伸出的匙形薄片。右壳壳顶下方有1个卵圆形凹陷。右壳的凹陷与左壳的匙形薄片共同形成1条扁的韧带槽，内韧带附于其中。生长线明显。铰合部狭窄。

生态习性　埋栖于潮间带下区至水深数米的泥沙滩。

地理分布　在我国，砂海螂分布于渤海、黄海。俄罗斯远东地区海域、白令海峡、北美洲西海岸、日本及朝鲜半岛海域也有分布。

经济价值　可食用。

东方海笋

学　　名　*Pholas orientalis* Gmelin, 1791

分类地位　本鳃亚纲海螂目海笋科海笋属

形态特征　壳大，细长，腹面略张开。壳表面分为2部分：前半部分有小凸起或棘状的放射肋，后半部分无肋。两壳的前部和中部膨胀，向后端逐渐收缩而变尖瘦。壳顶近前端。生长线明显。壳内面与壳表面一样分成2部分。后闭壳肌痕椭圆形。外套窦深而圆。

生态习性　埋栖于浅海胶黏的细泥底质。

地理分布　分布于印度–西太平洋，我国南海有分布。

经济价值　壳可收藏。

宽壳全海笋

学　　名　*Barnea dilatata* (Souleyet, 1843)

分类地位　本鳃亚纲海螂目海笋科全海笋属

形态特征　壳大而短，腹面开口；前端尖；后端呈截形，向腹面弯曲。壳表面有波纹状生长肋。位于前端腹缘的生长肋有棘刺；位于中部的生长肋与自壳顶向腹缘分布的放射肋相交，形成许多小凸起。纵肋整齐而稀疏。后端背部无肋，只有较细的生长线。原板发达。

生态习性　埋栖于潮间带下区及低潮线以下的软泥底质中。

地理分布　我国沿海有分布。菲律宾、日本沿海也有分布。

经济价值　可食用，壳可收藏。

脆壳全海笋

学　　名　*Barnea fragilis* (G. B. Sowerby Ⅱ, 1849)

分类地位　本鳃亚纲海螂目海笋科全海笋属

形态特征　壳较小，略呈椭圆形，高与宽大致相等。前、后端均开口。壳表面白色。壳前端膨大，后端尖瘦。壳顶前方背缘向外卷曲。腹缘前端凹入。原板长卵状。纵肋排列较密。壳的前部有放射肋。放射肋与纵肋相交处形成凸起或波纹。壳内柱细长，约伸展至壳高的1/2处。外套窦极大而深。

生态习性　营凿石穴居生活。栖息于潮间带下区及浅海的风化岩石中。

地理分布　在我国沿海广泛分布。菲律宾、日本海域也有分布。

经济价值　可食用，壳可收藏。

铃海笋

学　　名　*Jouannetia cumingii* (G. B. Sowerby II, 1849)

分类地位　本鳃亚纲海螂目海笋科铃海笋属

形态特征　两壳紧闭时近似球状，末端突出，如同鸟嘴。左壳大于右壳。左壳表面有2条背腹沟，分为前、中、后3部分。右壳表面由1条背腹沟分为前、后两部分。壳内面在壳顶前、后各有1个片状的凸起。壳内柱极短小。壳的背、腹面均无副壳。

生态习性　栖息于低潮区，穿凿珊瑚礁石而穴居。

地理分布　分布于西太平洋，我国台湾海域、南海有分布。

经济价值　壳可收藏。

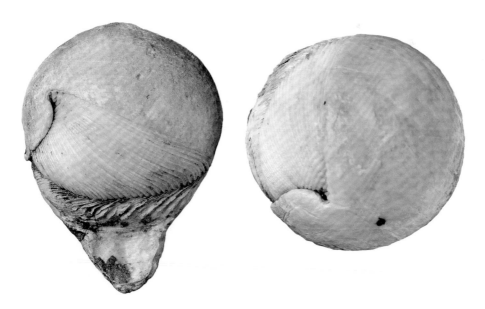

鸭嘴蛤

学　　名　*Laternula anatina* (Linnaeus, 1758)

分类地位　本鳃亚纲异韧带总目鸭嘴蛤科鸭嘴蛤属

形态特征　壳近长方形，中部凸起。闭合时仅后端开口。腹缘与背缘前端几乎平行。后端稍窄，后缘翘起。两壳等大或左壳稍大于右壳。壳顶位于背缘中部偏后。左、右两壳壳顶均有1条横裂。壳表面有颗粒状凸起。同心生长线细密。壳内面白色，有光泽。韧带槽前无石灰质板。外套窦宽大，呈半圆形。

生态习性　栖息于潮间带至浅海泥沙底质环境。

地理分布　广泛分布于印度-西太平洋。在我国，鸭嘴蛤分布于山东及山东以南海域。

经济价值　可食用，壳可收藏。

头足类

    头足类全是海生种，大多数分布在温暖和盐度较高的海域，90%集中在太平洋。据我国目前的材料来看，金乌贼、曼氏无针乌贼等在全国沿海均有发现，但如鹦鹉螺等属于热带种。

    栖息于近海的头足类，大多数不善于游泳，胴体部常呈球状，如八腕目的章鱼。栖息于远洋者，游泳能力通常较强，体呈纺锤状或流线型，如大型枪乌贼、柔鱼等能够随着水温的变化、饵料的迁动或寻找适宜的产卵场而进行较远距离的洄游。

    头足类铅直分布的范围很广。例如，栖息于近海的章鱼，在气候适宜的季节里常在潮间带活动。但是，许多头足类栖息于一定深度的水域中，如鹦鹉螺通常栖息于数百米深的海底，手乌贼栖息于4 600 m深的海域。栖息于深海的种类与浅海的种类形态不同，通常具有发光器。

    我国头足类种类、数量较多，有鹦鹉螺亚纲的鹦鹉螺1种，鞘亚纲的124种（刘瑞玉，2008）。常见的有长蛸、短蛸和金乌贼等，食用价值较大。

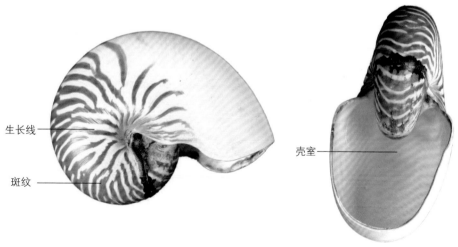

生长线

斑纹

壳室

头足类形态结构示例（1）

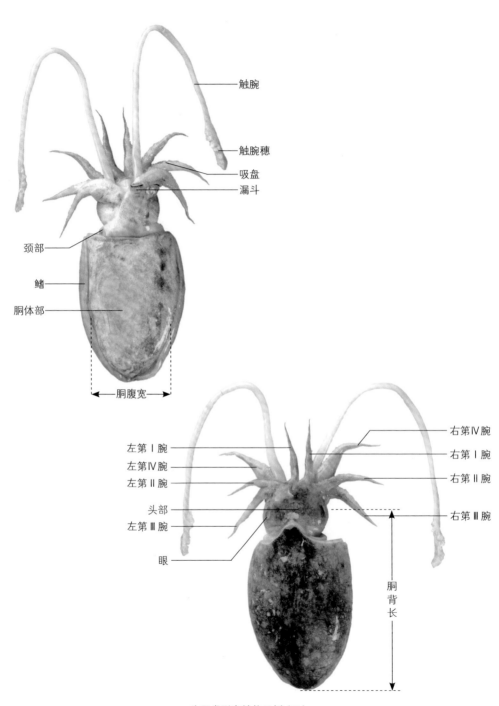

触腕

触腕穗

吸盘

漏斗

颈部

鳍

胴体部

胴腹宽

左第Ⅰ腕

左第Ⅳ腕

左第Ⅱ腕

头部

左第Ⅲ腕

眼

右第Ⅳ腕

右第Ⅰ腕

右第Ⅱ腕

右第Ⅲ腕

胴背长

头足类形态结构示例（2）

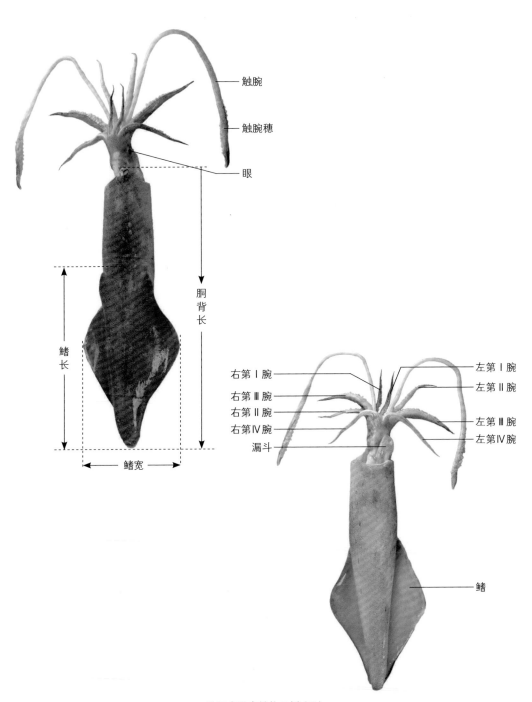

触腕

触腕穗

眼

胴背长

鳍长

鳍宽

右第Ⅰ腕
右第Ⅲ腕
右第Ⅱ腕
右第Ⅳ腕
漏斗

左第Ⅰ腕
左第Ⅱ腕
左第Ⅲ腕
左第Ⅳ腕

鳍

头足类形态结构示例（3）

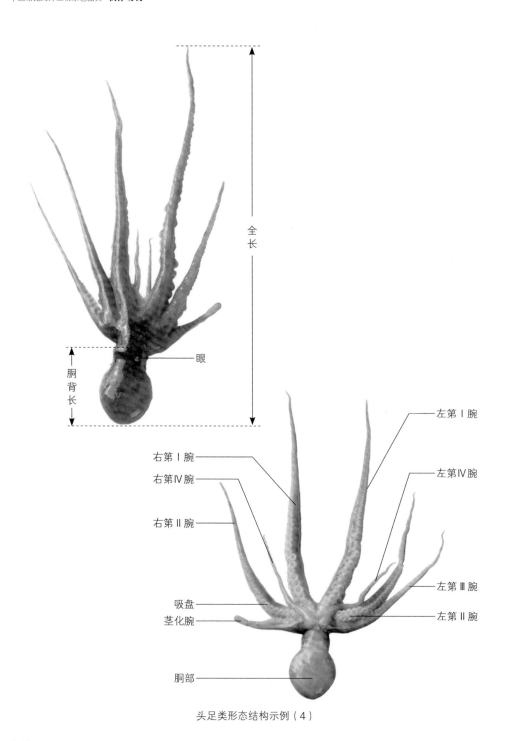

全长

胴背长

眼

右第Ⅰ腕

右第Ⅳ腕

右第Ⅱ腕

吸盘

茎化腕

胴部

左第Ⅰ腕

左第Ⅳ腕

左第Ⅲ腕

左第Ⅱ腕

头足类形态结构示例（4）

鹦鹉螺

学　　名　*Nautilus pompilius* Linnaeus, 1758

分类地位　鹦鹉螺亚纲鹦鹉螺目鹦鹉螺科鹦鹉螺属

形态特征　壳石灰质，螺旋形，左右对称。壳表面光滑，灰白色，后方夹有许多橙红色的条状斑纹。生长线细密。壳内唇珍珠层厚。壳内腔有30多个隔室。软体部藏于最后隔室——住室。其余的隔室称为气室。由外壳与隔壁组成的缝合线平直而简单。腕的数目多达90只。

生态习性　营深水底栖生活，偶尔也能在水中游泳或做急冲、后退运动。

地理分布　分布于印度洋和太平洋。在我国，鹦鹉螺分布于台湾海域、南海。

经济价值　为四大名螺之一。壳可收藏。

保护级别　被《国家重点保护野生动物名录》列为国家一级重点保护野生动物。

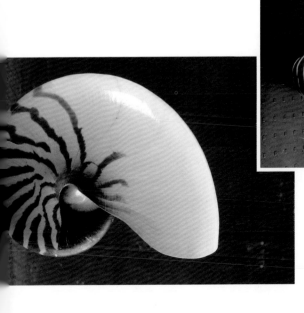

金乌贼

学　　名　*Sepia esculenta* Hoyle, 1885

分类地位　鞘亚纲乌贼目乌贼科乌贼属

形态特征　胴体部盾形。雄性胴体部背面有较粗的横条斑，条斑间杂有致密的小斑点。雌性胴体部背面横条斑不明显，有的仅两侧有横条斑，或仅有致密的小斑点。鳍较宽，周鳍型。腕吸盘4行，各腕吸盘大小相近，角质环有钝头小齿。雄性左侧第Ⅳ腕茎化，全腕中部的吸盘骤然变小且排列稀疏。触腕穗半月形；吸盘10～16行，小而密且大小相近，角质环有钝头小齿。内壳椭圆形，3条纵肋较平，腹面横纹面单峰型，中央有1条纵沟，后端骨针粗壮。

生态习性　群居于暖温带浅海，可埋藏于底层沙中。

地理分布　我国四大海域皆有分布。日本、越南和菲律宾海域也有分布。

经济价值　可食用。

拟目乌贼

学　　名　*Sepia lycidas* Gray, 1849

分类地位　鞘亚纲乌贼目乌贼科乌贼属

形态特征　胴体部背面呈黄褐色或紫褐色。胴体部背面除横条斑外，还夹有大而明显的眼状白斑。鳍宽大，围绕胴体部两侧，末端分离，最宽处略小于胴体部宽的1/4。第Ⅳ腕最长。腕吸盘4行。左侧第Ⅳ腕茎化，茎化时自基部向上7～10列的吸盘缩小。触腕长。内壳发达，后端骨针粗壮。

生态习性　热带浅海暖水种。

地理分布　分布于我国福建南部、广东沿海，以及日本南部沿海。

经济价值　可食用。

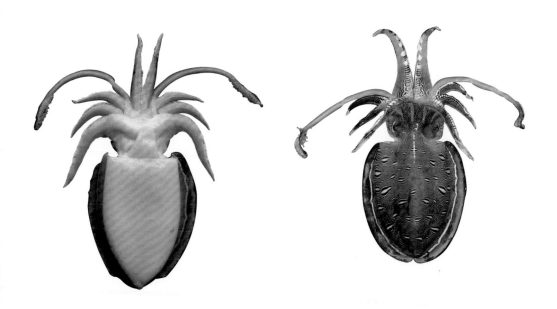

双喙耳乌贼

学　　名　*Lusepiola birostrata* (Sasaki, 1918)

分类地位　鞘亚纲乌贼目耳乌贼科耳乌贼属

形态特征　体型小。胴体部呈袋状，长约为宽的1.4倍。鳍大，周缘呈圆弧形，位于胴体部两侧稍靠后。腕式为2=3>1=4。吸盘角质环外缘无齿。雄性第Ⅰ腕茎化，又粗又短，基部有4～5个小吸盘，靠近腕上部外侧边缘有2个弯曲的喙状肉刺。触腕细长。内壳退化。

生态习性　营钻穴潜居的底栖生活。游泳能力弱。

地理分布　在我国，双喙耳乌贼分布于渤海、黄海及东南沿海。俄罗斯远东地区海域、日本和朝鲜半岛海域也有分布。

经济价值　可食用。

四盘耳乌贼

学　名　*Euprymna morsei* (Verrill, 1881)

分类地位　鞘亚纲乌贼目耳乌贼科四盘耳乌贼属

形态特征　胴体部圆袋状，体表有明显的紫褐色斑。肉鳍较小，近似圆形，位于胴体部两侧中部，鳍腹面无色素细胞。雄性第Ⅱ、Ⅲ、Ⅳ腕腹侧吸盘特别大，直径为中间吸盘的2～3倍。雌性各腕吸盘大小相近。腕吸盘4行，角质环无齿。雄性左侧第Ⅰ腕茎化，较右侧第Ⅰ腕粗短，基部吸盘较稀疏。茎化腕中后部边缘生有1～2个凸起，顶端为2～3行膨大凸起，凸起顶端有小吸盘。触腕穗稍膨突，短小；吸盘10余行，细绒状。内壳退化。发光器1对。

生态习性　为温水性浅海底栖种类。

地理分布　在我国，四盘耳乌贼分布于黄海、东海。日本海域也有分布。

经济价值　可食用。

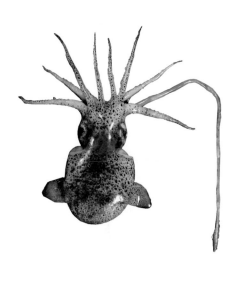

日本枪乌贼

学　　名　*Loliolus japonica* (Hoyle, 1885)

分类地位　鞘亚纲闭眼目枪乌贼科拟枪乌贼属

形态特征　体型小。胴体部锥状，长约为宽的4倍。胴体部的背面有浓密的紫色斑点。鳍位于胴体部两侧稍靠后，长度略长于胴体部的1/2，呈三角形。腕吸盘2行，其角质环外缘有方形小齿。雄性左侧第Ⅳ腕茎化，顶部约1/2部分特化为2行肉刺。触腕吸盘大小不一，大吸盘角质环外缘有方形小齿。内壳角质，薄而透明。

生态习性　为沿岸游泳的种类。

地理分布　在我国，日本枪乌贼分布于渤海、黄海。俄罗斯远东地区海域及日本沿海也有分布。

经济价值　可食用。

船蛸

学　　名　*Argonauta argo* Linnaeus, 1758

分类地位　鞘亚纲八腕目船蛸科船蛸属

形态特征　雌性有螺旋形单室薄壳。壳很扁，壳表面大部分为乳白色。两侧有细密而明显的放射肋。每条放射肋自贝壳螺旋轴延伸到同侧疣突处。疣突尖而小，数量可超过50个。雌性腹腕大于侧腕，腕式为1>4>2>3。雄性左侧第 III 腕茎化，顶端特化为长鞭。

生态习性　通常营底栖生活，栖息于深海，以腕匍匐或借漏斗喷水而游泳。

地理分布　我国南海有分布。

经济价值　壳可收藏。

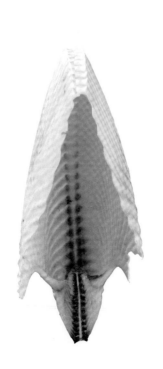 

锦葵船蛸

学　名　*Argonauta hians* Lightfoot, 1786

分类地位　鞘亚纲八腕目船蛸科船蛸属

形态特征　雌雄异体，雌性大于雄性。雌性有螺旋形单室壳。壳为石灰质，稍扁。放射肋约35条。顶端的疣突约35个。腕8只，吸盘2行。雄性无贝壳，左侧第Ⅲ腕茎化。

生态习性　暖水种。栖息于深海，营底栖生活，以腕匍匐或借漏斗喷水而游泳。

地理分布　我国南海有分布。

经济价值　可收藏。

小贴士

　　雌性的壳由第1对膨大的背腕上的腺质膜分泌而成，为孵卵袋。

短蛸

学　　名　*Amphioctopus fangsiao* (d'Orbigny, 1839—1841)

别　　名　饭蛸

分类地位　鞘亚纲八腕目蛸科双蛸属

形态特征　胴体部呈卵状或球状，无肉鳍。胴体部背面两眼间有1个纺锤形或半月形的斑块，并在两眼的前方各有1个椭圆形的金色圈。腕较短，各腕长度接近。雄性右侧第Ⅲ腕茎化，输精沟由腕侧膜形成。内壳退化。

生态习性　为底栖肉食性种类。

地理分布　我国沿海有分布。俄罗斯远东地区、日本、朝鲜半岛、印度尼西亚及新几内亚沿海也有分布。

经济价值　可食用。

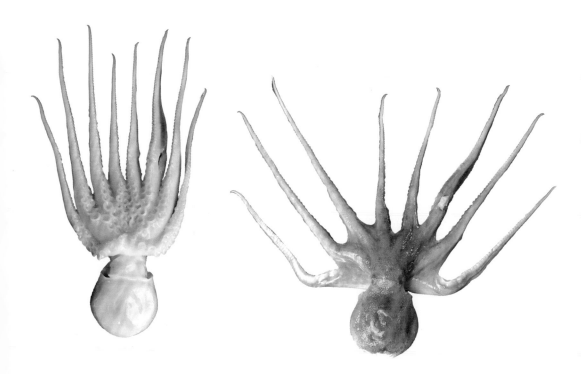

长蛸

学　名　*Octopus minor* (Sasaki, 1920)

别　名　八带

分类地位　鞘亚纲八腕目蛸科蛸属

形态特征　胴体部呈长椭球状，无肉鳍。体表光滑。两眼间无斑块，两眼前方无金色圈。腕长，各腕长度悬殊；其中第 I 腕最长，长度为第 IV 腕的2倍，为胴体部长度的6倍。腕吸盘2行。雄性右侧第 III 腕茎化，茎化时的长度约为左侧第 III 腕的1/2。腕侧膜特化形成输精沟，端器匙形，大而明显。内壳退化。

生态习性　为沿岸底栖肉食性种类。冬季、低盐及水温下降时挖穴栖居。

地理分布　在我国沿海广泛分布。俄罗斯、日本、朝鲜半岛沿海和印度洋也有分布。

经济价值　可食用。

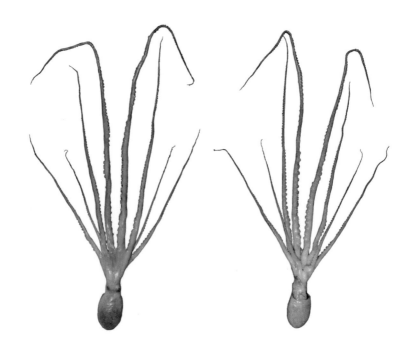